第 2 級　ビジネス計算部門数表

(A) 複利終価表

n＼i	2 %	2.5 %	3 %	3.5 %	4 %	4.5 %	5 %	5.5 %	6 %	6.5 %	7 %
6	1.1261 6242	1.1596 9342	1.1940 5230	1.2292 5533	1.2653 1902	1.3022 6012	1.3400 9564	1.3788 4281	1.4185 1911	1.4591 4230	1.5007 3035
7	1.1486 8567	1.1886 8575	1.2298 7387	1.2722 7926	1.3159 3178	1.3608 6183	1.4071 0042	1.4546 7916	1.5036 3026	1.5539 8655	1.6057 8148
8	1.1716 5938	1.2184 0290	1.2667 7008	1.3168 0904	1.3685 6905	1.4221 0061	1.4774 5544	1.5346 8651	1.5938 4807	1.6549 9567	1.7181 8618
9	1.1950 9257	1.2488 6297	1.3047 7318	1.3628 9735	1.4233 1181	1.4860 9514	1.5513 2822	1.6190 9427	1.6894 7896	1.7625 7039	1.8384 5921
10	1.2189 9442	1.2800 8454	1.3439 1638	1.4105 9876	1.4802 4428	1.5529 6942	1.6288 9463	1.7081 4446	1.7908 4770	1.8771 3747	1.9671 5136
11	1.2433 7431	1.3120 8666	1.3842 3387	1.4599 6972	1.5394 5406	1.6228 5305	1.7103 3936	1.8020 9240	1.8982 9856	1.9991 5140	2.1048 5195
12	1.2682 4179	1.3448 8882	1.4257 6089	1.5110 6866	1.6010 3222	1.6958 8143	1.7958 5633	1.9012 0749	2.0121 9647	2.1290 9624	2.2521 9159
13	1.2936 0663	1.3785 1104	1.4685 3371	1.5639 5606	1.6650 7351	1.7721 9610	1.8856 4914	2.0057 7390	2.1329 2826	2.2674 8750	2.4098 4500
14	1.3194 7876	1.4129 7382	1.5125 8972	1.6186 9452	1.7316 7645	1.8519 4492	1.9799 3160	2.1160 9146	2.2609 0396	2.4148 7418	2.5785 3415
15	1.3458 6834	1.4482 9817	1.5579 6742	1.6753 4883	1.8009 4351	1.9352 8244	2.0789 2818	2.2324 7649	2.3965 5819	2.5718 4101	2.7590 3154

(B) 複利現価表

n＼i	2 %	2.5 %	3 %	3.5 %	4 %	4.5 %	5 %	5.5 %	6 %	6.5 %	7 %
6	0.8879 7138	0.8622 9687	0.8374 8426	0.8135 0064	0.7903 1453	0.7678 9574	0.7462 1540	0.7252 4583	0.7049 6054	0.6853 3412	0.6663 4222
7	0.8705 6018	0.8412 6524	0.8130 9151	0.7859 9096	0.7599 1781	0.7348 2846	0.7106 8133	0.6874 3681	0.6650 5711	0.6435 0621	0.6227 4974
8	0.8534 9037	0.8207 4657	0.7894 0923	0.7594 1156	0.7306 9021	0.7031 8513	0.6768 3936	0.6515 9887	0.6274 1237	0.6042 3119	0.5820 0910
9	0.8367 5527	0.8007 2836	0.7664 1673	0.7337 3097	0.7025 8674	0.6729 0443	0.6446 0892	0.6176 2926	0.5918 9846	0.5673 5323	0.5439 3374
10	0.8203 4830	0.7811 9840	0.7440 9391	0.7089 1881	0.6755 6417	0.6439 2768	0.6139 1325	0.5854 3058	0.5583 9478	0.5327 2604	0.5083 4929
11	0.8042 6304	0.7621 4478	0.7224 2128	0.6849 4571	0.6495 8093	0.6161 9874	0.5846 7929	0.5549 1050	0.5267 8753	0.5002 1224	0.4750 9280
12	0.7884 9318	0.7435 5589	0.7013 7988	0.6617 8330	0.6245 9705	0.5896 6386	0.5568 3742	0.5259 8152	0.4969 6936	0.4696 8285	0.4440 1196
13	0.7730 3253	0.7254 2038	0.6809 5134	0.6394 0415	0.6005 7409	0.5642 7164	0.5303 2135	0.4985 6068	0.4688 3902	0.4410 1676	0.4149 6445
14	0.7578 7502	0.7077 2720	0.6611 1781	0.6177 8179	0.5774 7508	0.5399 7286	0.5050 6795	0.4725 6937	0.4423 0096	0.4141 0025	0.3878 1724
15	0.7430 1473	0.6904 6556	0.6418 6195	0.5968 9062	0.5552 6450	0.5167 2044	0.4810 1710	0.4479 3305	0.4172 6506	0.3888 2652	0.3624 4602

(C) 減価償却資産償却率表

耐用年数	定額法償却率	耐用年数	定額法償却率	耐用年数	定額法償却率	耐用年数	定額法償却率	耐用年数	定額法償却率
1		11	0.091	21	0.048	31	0.033	41	0.025
2	0.500	12	0.084	22	0.046	32	0.032	42	0.024
3	0.334	13	0.077	23	0.044	33	0.031	43	0.024
4	0.250	14	0.072	24	0.042	34	0.030	44	0.023
5	0.200	15	0.067	25	0.040	35	0.029	45	0.023
6	0.167	16	0.063	26	0.039	36	0.028	46	0.022
7	0.143	17	0.059	27	0.038	37	0.028	47	0.022
8	0.125	18	0.056	28	0.036	38	0.027	48	0.021
9	0.112	19	0.053	29	0.035	39	0.026	49	0.021
10	0.100	20	0.050	30	0.034	40	0.025	50	0.020

ビジネス計算問題の解法

　ビジネス計算部門は，次のⅠ～Ⅴの分野で20題が出題され，制限時間の30分で解答する。配点は1題5点で，100点満点中70点以上を合格とする。なお，普通計算部門にも合格すると，当該級の合格と認定される。

出題分野と内容

Ⅰ．3級に準ずる計算
　1．度量衡の計算
　2．貨幣の換算
　3．割合に関する計算
　4．単利の計算
Ⅱ．手形割引の計算
Ⅲ．売買・損益の計算
　　代価・建値・売買・損益・手数料を求める計算
Ⅳ．複利の計算
　　終価・現価・利息を求める計算
Ⅴ．減価償却費の計算
　　定額法の計算

1. 3級に準ずる計算

1. 度量衡の計算

　換算される数を**被換算高**，換算された数を**換算高**といい，その割合を**換算率**という。

◆練習問題◆

(1)　9,100ydは何メートルか。ただし，1yd＝0.9144mとする。
　（メートル未満4捨5入）

答_____

(2)　480英トンは何キログラムか。ただし，1英トン＝1,016kgとする。

答_____

(3)　39,000kgは何英トンか。ただし，1英トン＝1,016kgとする。
　（英トン未満4捨5入）

答_____

(4)　5,700kgは何ポンドか。ただし，1lb＝0.4536kgとする。（ポンド未満4捨5入）

答_____

(5)　6,300lbは何キログラムか。ただし，1lb＝0.4536kgとする。
　（キログラム未満4捨5入）

答_____

(6)　910米トンは何キログラムか。ただし，1米トン＝907.2kgとする。

答_____

練習問題の解答
　(1) 8,321m　　(2) 487,680kg　　(3) 38英トン　　(4) 12,566lb　　(5) 2,858kg　　(6) 825,552kg

(7)　510米ガロンは何リットルか。ただし，1米ガロン＝3.785Lとする。
　　（リットル未満4捨5入）

答_____

(8)　2,840Lは何英ガロンか。ただし，1英ガロン＝4.546Lとする。
　　（英ガロン未満4捨5入）

答_____

2. 貨幣の換算（¥・$・€・£の計算）

　ドル・ユーロ・ポンドから円を求める場合は，円をかければよい。逆に円からドル・ユーロ・ポンドを求める場合は，円の中にいくら入っているかを考えればよい。

◆練習問題◆

(1)　$294.06は円でいくらか。ただし，$1＝¥115とする。（円未満4捨5入）

答_____

(2)　¥71,200は何ドル何セントか。ただし，$1＝¥118とする。（セント未満4捨5入）

答_____

(3)　€628.50は円でいくらか。ただし，€1＝¥139とする。（円未満4捨5入）

答_____

(4)　¥10,500は何ユーロ何セントか。ただし，€1＝¥124とする。
　　（セント未満4捨5入）

答_____

(5)　£543.70は円でいくらか。ただし，£1＝¥153とする。（円未満4捨5入）

答_____

(6)　¥82,262は何ポンド何ペンスか。ただし，£1＝¥164とする。
　　（ペンス未満4捨5入）

答_____

3. 割合に関する計算

　割合の計算では，**基準量**と**比較量**を把握してから計算に入る。

◆練習問題◆

(1)　¥695,000の17%はいくらか。

答_____

(2)　¥153,000は¥850,000の何パーセントか。

答_____

(3)　ある金額の2割5分が¥160,500であった。ある金額はいくらか。

答_____

(4)　¥238,000の24%増しはいくらか。

答_____

(5)　¥372,000の16%引きはいくらか。

答_____

練習問題の解答

　度量衡　(7) 1,930L　(8) 625英ガロン

　貨幣換算　(1) ¥33,817　(2) $603.39　(3) ¥87,362　(4) €84.68　(5) ¥83,186　(6) £501.60

　割合計算　(1) ¥118,150　(2) 18%　(3) ¥642,000　(4) ¥295,120　(5) ¥312,480

(6) ある金額の2/%引きが¥4/0,800であった。ある金額はいくらか。

答_____

(7) ある商店の先月の売上数量は5,900kgで，今月の売上数量は7,/98kgであった。
売上数量は，先月に比べて何パーセント増加したか。

答_____

(8) ある金額の3割2分増しが¥48/,800であった。ある金額はいくらか。

答_____

(9) ある金額の35％が¥/5/,200であった。ある金額の35％引きはいくらか。

答_____

4. 単利の計算

例題1　利息を求める計算（期間が月数の場合）

元金¥/,930,000を年利率2.84％の単利で/年6か月間借りると，利息はいくらか。

〈解説〉利息＝元金×利率×期間

期間が月数で示されているときは，$\dfrac{月数}{12}$ で計算する。

$$¥/,930,000 \times 0.0284 \times \frac{18}{12} = ¥82,2/8$$

答　　　　　¥82,2/8

〈キー操作〉1,930,000 ⊠ · 0284 ⊠ 18 ÷ 12 ⊟

〈注意〉　1．電卓で端数が生じた場合は，指定された処理条件に従って処理する。

2．$\boxed{M+}$ などのメモリー機能を使用したときは，次の計算に入る前に，$\boxed{MC}$ を必ず押す。

3．0.0284は $\boxed{·}\boxed{0}\boxed{2}\boxed{8}\boxed{4}$ と入力してよい。

〈留意〉期間の月数が次のような場合は，年単位で利息を計算するとよい。

$$3か月 = \frac{3}{12} = 0.25年 \qquad 6か月 = \frac{6}{12} = 0.5年 \qquad 9か月 = \frac{9}{12} = 0.75年$$

◆練習問題◆

(1) ¥6,540,000を年利率3.92％の単利で8か月間貸すと，利息はいくらか。

答_____

(2) 元金¥7,620,000を年利率4.54％の単利で/年5か月間借りると，利息はいくらか。

答_____

(3) ¥3,480,000を年利率2.45％の単利で/年3か月間貸すと，利息はいくらか。

答_____

(4) 元金¥8,960,000を年利率0.53％の単利で/年7か月間借りると，利息はいくらか。
（円未満切り捨て）

答_____

練習問題の解答
　割合計算　(6) ¥520,000　　(7) 22%（増加）　　(8) ¥365,000　　(9) ¥280,800
　単利計算　(1) ¥/70,9/2　　(2) ¥490,093　　(3) ¥/06,575　　(4) ¥75,/89

元金¥4,280,000を年利率1.93％の単利で70日間借りると，利息はいくらか。（円未満切り捨て）

〈解説〉利息＝元金×利率×期間

期間が日数で示されているときは，$\dfrac{日数}{365}$ で計算する。

$¥4,280,000 \times 0.0193 \times \dfrac{70}{365} = ¥15,841$

答　　　　　　　¥15,841

〈キー操作〉ラウンドセレクターをCUT，小数点セレクターを0にセット

4,280,000 ⊠ ・ 0193 ⊠ 70 ÷ 365 ＝

〈留意〉期間の日数が次のような場合は，年単位で利息を計算するとよい。

73日＝0.2年　　　146日＝0.4年　　　219日＝0.6年　　　292日＝0.8年

◆練習問題◆

(5)　¥6,180,000を年利率3.45％の単利で146日間貸すと，利息はいくらか。

答　　　　　　　　　　

(6)　¥2,130,000を年利率5.28％の単利で67日間貸すと，利息はいくらか。
（円未満切り捨て）

答　　　　　　　　　　

(7)　元金¥9,420,000を年利率4.67％の単利で5月18日から7月14日まで借りると，
利息はいくらか。（片落とし，円未満切り捨て）

答　　　　　　　　　　

(8)　元金¥4,790,000を年利率0.27％の単利で7月8日から10月25日まで借りると，
利息はいくらか。（片落とし，円未満切り捨て）

答　　　　　　　　　　

例題3　元利合計を求める計算

元金¥5,560,000を年利率3.17％の単利で1年4か月間借りると，元利合計はいくらか。
（円未満切り捨て）

〈解説〉利息＝元金×利率×期間

元利合計＝元金＋利息

または，

元利合計＝元金×（1＋利率×期間）

$¥5,560,000 \times 0.0317 \times \dfrac{16}{12} = ¥235,002$（利息）

$¥5,560,000 + ¥235,002 = ¥5,795,002$

または，

$¥5,560,000 \times \left(1 + 0.0317 \times \dfrac{16}{12}\right) = ¥5,795,002$

答　　　　　¥5,795,002

練習問題の解答

(5) ¥85,284　　(6) ¥20,644　　(7) ¥68,698　　(8) ¥3,862

<キー操作> ラウンドセレクターを**CUT**, 小数点セレクターを**0**にセット

5,560,000 ⊠ · 0317 ⊠ 16 ÷ 12 ⊞ 5,560,000 ＝

または, 5,560,000 M+ ⊠ · 0317 ⊠ 16 ÷ 12 M+ MR

◆練習問題◆

(9) ¥2,460,000を年利率3.68%の単利で11か月間貸すと, 期日に受け取る元利合計はいくらか。

答 _____

(10) ¥3,710,000を年利率5.43%の単利で96日間借りると, 期日に支払う元利合計はいくらか。(円未満切り捨て)

答 _____

(11) ¥8,650,000を年利率0.46%の単利で4月16日から7月5日まで貸すと, 期日に受け取る元利合計はいくらか。(片落とし, 円未満切り捨て)

答 _____

例題4	元金を利息から求める計算 (期間が月数の場合)

年利率3.25%の単利で9か月間借り入れ, 期日に利息¥93,600を支払った。元金はいくらであったか。

〈解説〉 **元金＝利息÷ (利率×期間)**

$$¥93,600 ÷ \left(0.0325 × \frac{9}{12}\right) = ¥3,840,000$$

または,

$$(¥93,600 × 12) ÷ (0.0325 × 9) = ¥3,840,000$$

答 　　　　　¥3,840,000

〈キー操作〉 · 0325 ⊠ 9 ÷ 12 M+ 93,600 ÷ MR ＝

または, 93,600 ⊠ 12 ÷ · 0325 ÷ 9 ＝

例題5	元金を利息から求める計算 (期間が日数の場合)

年利率4.83%の単利で146日間貸し付け, 期日に利息¥89,838を受け取った。元金はいくらであったか。

〈解説〉 **元金＝利息÷ (利率×期間)**

$$¥89,838 ÷ \left(0.0483 × \frac{146}{365}\right) = ¥4,650,000$$

または,

$$(¥89,838 × 365) ÷ (0.0483 × 146) = ¥4,650,000$$

答 　　　　　¥4,650,000

〈キー操作〉 · 0483 ⊠ 146 ÷ 365 M+ 89,838 ÷ MR ＝

または, 89,838 ⊠ 365 ÷ · 0483 ÷ 146 ＝

練習問題の解答

(9) ¥2,542,984　　(10) ¥3,762,984　　(11) ¥8,658,721

◆練習問題◆

⑿ 年利率2.46％の単利で11か月間借り入れ，期日に利息¥170,478を支払った。元金はいくらであったか。

答＿＿＿＿＿＿＿＿＿＿＿＿＿＿＿＿

⒀ 年利率0.73％の単利で105日間借り入れ，期日に利息¥4,914を支払った。借入金はいくらであったか。

答＿＿＿＿＿＿＿＿＿＿＿＿＿＿＿＿

例題6　利率を求める計算

¥5,840,000を単利で4月20日から7月2日まで貸し付け，期日に利息¥32,120を受け取った。利率は年何パーセントであったか。パーセントの小数第2位まで求めよ。（片落とし）

〈解説〉利率＝利息÷（元金×期間）

4月20日～7月2日…73日（片落とし）

$$¥32,120 \div \left(5,840,000 \times \frac{73}{365}\right) = 0.0275$$

答＿＿＿＿＿＿＿2.75％＿＿＿＿

〈キー操作〉5,840,000 ✕ 73 ÷ 365 M+ 32,120 ÷ MR ％ （＝）

◆練習問題◆

⒁ ¥6,570,000を単利で7月15日から9月23日まで貸し付け，利息¥18,396を受け取った。利率は年何パーセントであったか。パーセントの小数第2位まで求めよ。（片落とし）

答＿＿＿＿＿＿＿＿＿＿＿＿＿＿＿＿

⒂ ¥2,190,000を単利で8月3日から10月25日まで貸し付け，利息¥1,743を受け取った。利率は年何パーセントであったか。パーセントの小数第2位まで求めよ。（片落とし）

答＿＿＿＿＿＿＿＿＿＿＿＿＿＿＿＿

例題7　期間を求める計算

¥4,530,000を年利率2.54％の単利で貸し付け，利息¥134,239を受け取った。貸付期間は何年何か月間であったか。

〈解説〉期間＝利息÷（元金×利率）

$$¥134,239 \div \left(¥4,530,000 \times 0.0254 \times \frac{1}{12}\right) = 14$$

答＿＿＿＿＿1年2か月（間）＿

〈キー操作〉4,530,000 ✕ • 0254 ÷ 12 M+ 134,239 ÷ MR ＝

◆練習問題◆

⒃ ¥4,560,000を年利率4.62％の単利で借り入れ，期日に利息¥280,896を支払った。借入期間は何年何か月間であったか。

答＿＿＿＿＿＿＿＿＿＿＿＿＿＿＿＿

⒄ ¥8,350,000を年利率0.16％の単利で貸し付け，利息¥5,344を受け取った。貸付期間は何日間であったか。

答＿＿＿＿＿＿＿＿＿＿＿＿＿＿＿＿

練習問題の解答

⑿ ¥7,560,000　⒀ ¥2,340,000　⒁ 1.46％　⒂ 0.35％　⒃ 1年4か月（間）　⒄ 146日（間）

8

2. 手形割引の計算

手形を支払期日以前に金融機関などを通じて現金化することを**手形割引**という。このとき，割り引いた日（割引日）から，支払期日（満期または満期日）までの利息分を差し引かれて，買い取られる。この差し引かれる利息分を**割引料**といい，手形金額から割引料を差し引いた金額を**手取金**という。

手形割引の計算では，日数計算は両端入れ，割引料の端数処理は円未満切り捨てとする。

例題1　割引料を求める計算

額面￥4,830,000の手形を，割引率年5.75％で割り引くと，割引料はいくらか。ただし，割引日数は69日とする。（円未満切り捨て）

〈解説〉割引料＝手形金額×割引率×$\dfrac{割引日数}{365}$

$$￥4,830,000 × 0.0575 × \dfrac{69}{365} = ￥52,501$$

答　　　　　　￥52,501

〈キー操作〉ラウンドセレクターをCUT，小数点セレクターを0にセット

4,830,000 ✕ ・ 0575 ✕ 69 ÷ 365 ＝

◆練習問題◆

(1) 額面￥9,460,000の約束手形を，割引率年4.5％で割り引くと，割引料はいくらか。ただし，割引日数は81日とする。（円未満切り捨て）

答

(2) 7月10日満期，額面￥7,240,000の約束手形を，5月2日に割引率年3.25％で割り引くと，割引料はいくらか。（両端入れ，円未満切り捨て）

答

(3) 額面￥8,390,000の手形を，割引率年6.75％で割り引くと，割引料はいくらか。ただし，割引日数は57日とする。（円未満切り捨て）

答

例題2　手取金を求める計算

額面￥6,140,000の手形を，割引率年2.5％で割り引くと，手取金はいくらか。ただし，割引日数は89日とする。（割引料の円未満切り捨て）

〈解説〉割引料＝手形金額×割引率×$\dfrac{割引日数}{365}$

手取金＝手形金額－割引料

$$￥6,140,000 × 0.025 × \dfrac{89}{365} = ￥37,428　（割引料）$$

$$￥6,140,000 － ￥37,428 = ￥6,102,572$$

答　　　　　￥6,102,572

〈キー操作〉ラウンドセレクターをCUT，小数点セレクターを0にセット

6,140,000 M+ ✕ ・ 025 ✕ 89 ÷ 365 M- MR

練習問題の解答

(1) ￥94,470　　(2) ￥45,126　　(3) ￥88,439

(4) 額面¥4,130,000の手形を，割引率年4.25%で割り引くと，手取金はいくらか。
ただし，割引日数は76日とする。（割引料の円未満切り捨て）

答＿＿＿＿＿＿＿＿＿＿＿＿

(5) 4月25日満期，額面¥2,970,000の約束手形を，2月1日に割引率年2.75%で
割り引くと，手取金はいくらか。（うるう年，両端入れ，割引料の円未満切り捨て）

答＿＿＿＿＿＿＿＿＿＿＿＿

(6) 額面¥5,620,000の手形を，割引率年3.5%で割り引くと，手取金はいくらか。
ただし，割引日数は62日とする。（割引料の円未満切り捨て）

答＿＿＿＿＿＿＿＿＿＿＿＿

(7) 7月15日満期，額面¥8,910,000の約束手形を，5月7日に割引率年5.75%で
割り引くと，手取金はいくらか。（両端入れ，割引料の円未満切り捨て）

答＿＿＿＿＿＿＿＿＿＿＿＿

練習問題の解答
　(4) ¥4,093,453　　(5) ¥2,950,980　　(6) ¥5,586,588　　(7) ¥8,811,746

3. 売買・損益の計算

取引について，利益や損失額を計算することを売買・損益の計算という。仕入原価・予定売価（定価）・実売価などを求める計算が必要となる。

例題1　代価の計算（その1）

ある商品を/0個につき¥3/0で仕入れ，代価として¥24/,800を支払った。仕入数量は何個であったか。

〈解説〉商品の取引数量は，ふつう，長さ，容積，重さなどによって示され，その単位は，一定の基準数量に対する金額で示される。

$$仕入数量 = \frac{代価}{単価} \times 基準数量$$

$$\frac{¥24/,800}{¥3/0} \times /0個 = 7,800個$$

答　　　　　　7,800個

〈キー操作〉241,800 ÷ 310 × 10 =

◆練習問題◆

(1) ある商品を/個につき¥460で仕入れ，代価として¥/97,800を支払った。仕入数量は何個か。

答

(2) ある商品を/0mにつき¥4,500で仕入れ，代価として¥44/,000を支払った。仕入数量は何メートルであったか。

答

(3) ある商品を20Lにつき¥3,800で仕入れ，代価として¥/40,600を支払った。仕入数量は何リットルであったか。

答

(4) ある商品を50kgにつき¥6,400で仕入れ，代価として¥268,800を支払った。仕入数量は何キログラムであったか。

答

例題2　代価の計算（その2）

/ydにつき£5.87の商品を430yd仕入れた。仕入代金は円でいくらか。ただし，£/＝¥/60とする。

〈解説〉代価の計算は，単価に取引数量をかけ，度量衡や貨幣換算の単位を考えながら計算する。

代価＝単価×取引数量÷単位数量

$$£5.87 \times \frac{430yd}{/yd} = £2,524./0$$

$$¥/60 \times £2,524./0 = ¥403,856$$

答　　　　　¥403,856

〈キー操作〉5.87 × 430 × 160 =

練習問題の解答

(1) 430個　　(2) 980m　　(3) 740L　　(4) 2,/00kg

◆練習問題◆

(5) /kgにつき＄7.80の商品を2/0kg仕入れた。仕入代金は円でいくらか。ただし，
  ＄/＝¥108とする。

  答＿＿＿＿＿＿＿＿＿＿

(6) /個につき＄/6.90の商品を390個仕入れた。仕入代金は円でいくらか。ただし，
  ＄/＝¥//3とする。

  答＿＿＿＿＿＿＿＿＿＿

(7) /0ydにつき£40.50の商品を640yd仕入れた。仕入代金は円でいくらか。ただし，
  £/＝¥/53とする。

  答＿＿＿＿＿＿＿＿＿＿

(8) /Lにつき¥820の商品を30L販売した。代金は何ドル何セントか。ただし，
  ＄/＝¥//6とする。（セント未満4捨5入）

  答＿＿＿＿＿＿＿＿＿＿

(9) 20kgにつき¥9,600の商品を350kg販売した。代金は何ユーロ何セントか。
  ただし，€/＝¥/49とする。（セント未満4捨5入）

  答＿＿＿＿＿＿＿＿＿＿

例題3	建値の計算

/米トンにつき¥/56,000の商品を30kg建にするといくらになるか。ただし，/米トン＝907.2kg
とする。（計算の最終で円未満4捨5入）

〈解説〉商品の市場において成り立つ価格を**相場（市場価格）**といい，この相場の一定単位を基準として表
  示する。この基準となる単位を**建**という。

$$代価＝単価（建値）×\frac{取引数量}{基準数量（建）}$$

$$¥/56,000×\frac{30kg}{907.2kg}＝¥5,/59$$

  答　　　　　¥5,/59

〈キー操作〉156,000 ⊠ 30 ⊟ 907.2 ⊟

◆練習問題◆

(10) /ydにつき¥5,300の商品を/0m建にするといくらになるか。ただし，
  /yd＝0.9/44mとする。（計算の最終で円未満4捨5入）

  答＿＿＿＿＿＿＿＿＿＿

(11) /米トンにつき¥298,/60の商品を50kg建にするといくらになるか。ただし，
  /米トン＝907.2kgとする。（計算の最終で円未満4捨5入）

  答＿＿＿＿＿＿＿＿＿＿

(12) /0lbにつき¥47,628の商品を60kg建にするといくらになるか。ただし，
  /lb＝0.4536kgとする。

  答＿＿＿＿＿＿＿＿＿＿

練習問題の解答
(5) ¥/76,904　(6) ¥744,783　(7) ¥396,576　(8) ＄2/2.07　(9) €/,/27.52　(10) ¥57,962
(11) ¥/6,433　(12) ¥630,000

12

例題4	諸掛込原価・利益額・実売価の総額を求める計算

/ダースにつき¥350の商品を680ダース仕入れ，諸掛り¥17,000を支払った。諸掛込原価はいくらか。

〈解説〉仕入代金に仕入諸掛を加えたものを**諸掛込原価**，または**仕入原価**といい，仕入原価に利益額を加えた金額が**実売価の総額**となる。

諸 掛 込 原 価＝単価×取引数量＋仕入諸掛

利　　益　　額＝諸掛込原価×利益率

実売価の総額＝諸掛込原価×（1＋利益率）

¥350×680ダース＋¥17,000＝¥255,000

答 　　　　¥255,000

〈キー操作〉350 ✕ 680 ＋ 17,000 ＝

◆練習問題◆

⒀　/kgにつき¥6,300の商品を/40kg仕入れ，諸掛りとして¥73,000を支払った。諸掛込原価はいくらか。

答 _____

⒁　ある商品を¥162,400で仕入れ，諸掛り¥7,600を支払った。この商品に諸掛込原価の/3%の利益を見込んで販売すると，利益額はいくらか。

答 _____

⒂　/Lにつき¥830の商品を600L仕入れ，諸掛りとして¥42,000を支払った。この商品に諸掛込原価の24%の利益を見込んで販売すると，利益の総額はいくらか。

答 _____

⒃　ある商品を¥521,500で仕入れ，仕入諸掛¥47,500を支払った。この商品に諸掛込原価の/9%の利益を見込むと，売上高はいくらか。

答 _____

⒄　/個につき¥750の商品を460個仕入れ，諸掛りとして¥35,000を支払った。この商品に諸掛込原価の20%の利益を見込んで販売すると，実売価の総額はいくらか。

答 _____

例題5	原価から予定売価・値引額・利益額・実売価を求める計算

原価¥80,000の商品に原価の24%の利益をみて予定売価をつけ，予定売価の/5%引きで販売した。実売価はいくらか。

〈解説〉原価に利益率を含んで予定売価を求め，予定売価から値引率を控除して実売価を求める。

予定売価＝原価×（1＋利益率）

実売価＝予定売価×（1－値引率）

¥80,000×（/＋0.24）×（/－0./5）＝¥84,320

答 　　　　¥84,320

〈キー操作〉80,000 ✕ 1.24 M+ 1 － ・ 15 ✕ MR ＝

練習問題の解答

⒀ ¥955,000　　⒁ ¥22,100　　⒂ ¥129,600　　⒃ ¥677,110　　⒄ ¥456,000

◆練習問題◆

⒅　原価￥430,000の商品に原価の20%の利益をみて予定売価をつけ，予定売価の
　　15%引きで販売した。実売価はいくらか。

　　　　　　　　　　　　　　　　　　　　　　　　　答＿＿＿＿＿＿＿＿＿＿＿＿＿＿＿

⒆　原価￥860,000の商品に原価の34%の利益をみて予定売価をつけ，予定売価から
　　￥92,000値引きして販売した。実売価はいくらか。

　　　　　　　　　　　　　　　　　　　　　　　　　答＿＿＿＿＿＿＿＿＿＿＿＿＿＿＿

⒇　原価￥550,000の商品に原価の22%の利益をみて予定売価をつけ，予定売価の
　　16%引きで販売した。実売価はいくらか。

　　　　　　　　　　　　　　　　　　　　　　　　　答＿＿＿＿＿＿＿＿＿＿＿＿＿＿＿

㉑　原価￥370,000の商品に￥66,600の利益をみて予定売価をつけ，予定売価の
　　12%引きで販売した。値引額はいくらか。

　　　　　　　　　　　　　　　　　　　　　　　　　答＿＿＿＿＿＿＿＿＿＿＿＿＿＿＿

㉒　原価￥650,000の商品に原価の2割6分の利益をみて予定売価をつけ，予定売価か
　　ら￥89,000値引きして販売した。利益額はいくらか。

　　　　　　　　　　　　　　　　　　　　　　　　　答＿＿＿＿＿＿＿＿＿＿＿＿＿＿＿

例題6　利益率を求める計算

　　原価￥820,000の商品を販売し，￥196,800の利益を得た。利益額は原価の何パーセントであったか。

〈解説〉仕入原価に対する利益額の割合が利益率である。

　利益額＝実売価－原価

　利益率＝利益額÷原価

　￥196,800÷￥820,000＝0.24

　　　　　　　　　　　　　　　　　　　　　　　　　答＿＿＿＿＿＿24%＿＿＿＿＿＿＿

〈キー操作〉196,800 ÷ 820,000 % (＝)

◆練習問題◆

㉓　原価￥492,000の商品を販売して￥132,840の利益を得た。利益額は原価の何割
　　何分であったか。

　　　　　　　　　　　　　　　　　　　　　　　　　答＿＿＿＿＿＿＿＿＿＿＿＿＿＿＿

㉔　原価￥525,000の商品を￥640,500で販売した。利益額は原価の何パーセントで
　　あったか。

　　　　　　　　　　　　　　　　　　　　　　　　　答＿＿＿＿＿＿＿＿＿＿＿＿＿＿＿

㉕　原価￥248,300の商品を￥332,722で販売した。利益額は原価の何パーセントで
　　あったか。

　　　　　　　　　　　　　　　　　　　　　　　　　答＿＿＿＿＿＿＿＿＿＿＿＿＿＿＿

練習問題の解答

⒅ ￥438,600　　⒆ ￥1,060,400　　⒇ ￥563,640　　㉑ ￥52,392　　㉒ ￥80,000　　㉓ 2割7分　　㉔ 22%

㉕ 34%

例題7 値引率を求める計算

予定売価¥578,000の商品を，予定売価から¥75,140値引きして販売した。値引額は予定売価の何パーセントであったか。

〈解説〉予定売価に対する値引額の割合が値引率である。

値引額＝予定売価−実売価

値引率＝値引額÷予定売価

¥75,140÷¥578,000＝0.13

答_____13%

〈キー操作〉75,140 ÷ 578,000 % ＝

◆練習問題◆

(26) 予定売価¥415,000の商品を，予定売価から¥70,550値引きして販売した。値引額は予定売価の何パーセントであったか。

答_____

(27) 予定売価¥745,000の商品を¥573,650で販売した。値引額は予定売価の何割何分であったか。

答_____

(28) 原価¥610,000の商品に原価の3割5分の利益をみて予定売価をつけ，予定売価から¥214,110値引きして販売した。値引額は予定売価の何パーセントであったか。

答_____

練習問題の解答

(26) 17%   (27) 2割3分   (28) 26%

4. 仲立人の手数料計算

売買取引に際して，売り主と買い主の間に立って取り次ぎ・斡旋をする人を**仲立人**という。この仲立人は，売り主・買い主の双方から，報酬として売買価額に対する割合で手数料を受け取ることになる。

2級では，売り主の手取金，買い主の支払総額，仲立人の手数料合計を求める問題が出題される。

例題1 売り主の手取金を求める計算

仲立人が売り主・買い主双方から3.1%ずつの手数料を受け取る約束で¥1,570,000の商品の売買を仲介した。売り主の手取金はいくらか。

〈解説〉売り主の手取金＝売買価額×（1－売り主の手数料率）

¥1,570,000×（1−0.031）＝¥1,521,330

答　　　　¥1,521,330

〈キー操作〉1 ⊟ • 031 ⊠ 1,570,000 ⊟

例題2 買い主の支払総額を求める計算

仲立人が売り主・買い主双方から2.8%ずつの手数料を受け取る約束で¥5,170,000の商品の売買を仲介した。買い主の支払総額はいくらか。

〈解説〉買い主の支払総額＝売買価額×（1＋買い主の手数料率）

¥5,170,000×（1＋0.028）＝¥5,314,760

答　　　　¥5,314,760

〈キー操作〉1 ⊞ • 028 ⊠ 5,170,000 ⊟
または，5,170,000 ⊠ 1.028 ⊟

例題3 仲立人の手数料合計を求める計算（その1）

仲立人が売り主・買い主双方から2.6%ずつの手数料を受け取る約束で¥7,340,000の商品の売買を仲介した。仲立人が得た手数料の合計額はいくらか。

〈解説〉仲立人の手数料合計＝売買価額×（売り主の手数料率＋買い主の手数料率）

¥7,340,000×（0.026×2）＝¥381,680

答　　　　¥381,680

〈キー操作〉 • 026 ⊠ 2 ⊠ 7,340,000 ⊟

例題4 仲立人の手数料合計を求める計算（その2）

仲立人が売り主から2.9%，買い主から3.2%の手数料を受け取る約束で¥6,890,000の商品の売買を仲介した。仲立人が得た手数料の合計額はいくらか。

〈解説〉

¥6,890,000×（0.029＋0.032）＝¥420,290

答　　　　¥420,290

〈キー操作〉 • 029 ⊞ • 032 ⊠ 6,890,000 ⊟

◆練習問題◆

(1) 仲立人が売り主・買い主双方から2.7％ずつの手数料を受け取る約束で
¥8,150,000の商品の売買を仲介した。売り主の手取金はいくらか。

答_____

(2) 仲立人が売り主・買い主双方から3.2％ずつの手数料を受け取る約束で
¥3,690,000の商品の売買を仲介した。買い主の支払総額はいくらか。

答_____

(3) 仲立人が売り主・買い主双方から3.1％ずつの手数料を受け取る約束で
¥4,330,000の商品の売買を仲介した。仲立人が得た手数料の合計額はいくらか。

答_____

(4) 仲立人が売り主から3.3％，買い主から3.6％の手数料を受け取る約束で
¥9,640,000の商品の売買を仲介した。仲立人が得た手数料の合計額はいくらか。

答_____

練習問題の解答
(1) ¥7,929,950　(2) ¥3,808,080　(3) ¥268,460　(4) ¥665,160

5. 複利の計算

　一定期間ごとの元利合計を，次期の元金として利息を計算する方法を**複利法**という。

複利終価・利息・現価の計算（巻頭の数表を用いる）

例題1	複利終価を求める計算（1年1期）

　　¥3,870,000を年利率5％，/年/期の複利で6年間貸すと，複利終価はいくらか。（円未満4捨5入）

〈解説〉複利終価＝元金×（1＋利率）^{期数}

　　　（/＋利率）^{期数}の値を**複利終価率**という。

　　　　複利終価＝元金×複利終価率

　　5％，6期の複利終価率…/.34009564

　　¥3,870,000×/.34009564＝¥5,186,170

答　　　　　¥5,186,170

〈キー操作〉ラウンドセレクターを**5/4**，小数点セレクターを**0**にセット

　　3,870,000 ⊠ 1.34009564 ＝

◆練習問題◆

(1)　元金¥4,090,000を年利率7％，/年/期の複利で/4年間借りると，複利終価はい
　　くらか。（円未満4捨5入）

答　　　　　　　　　　　

(2)　元金¥5,670,000を年利率3.5％，/年/期の複利で8年間貸した。期日に受け取
　　る元利合計はいくらか。（円未満4捨5入）

答　　　　　　　　　　　

例題2	複利終価を求める計算（半年1期）

　　¥8,920,000を年利率6％，半年/期の複利で3年6か月間貸すと，複利終価はいくらか。
（円未満4捨5入）

〈解説〉3％，7期の複利終価率…/.22987387

　　　¥8,920,000×/.22987387＝¥10,970,475

答　　　　　¥10,970,475

〈キー操作〉ラウンドセレクターを**5/4**，小数点セレクターを**0**にセット

　　8,920,000 ⊠ 1.22987387 ＝

◆練習問題◆

(3)　元金¥4,350,000を年利率7％，半年/期の複利で3年間借りると，複利終価はい
　　くらか。（円未満4捨5入）

答　　　　　　　　　　　

(4)　元金¥5,740,000を年利率6％，半年/期の複利で4年6か月間貸し付けると，
　　複利終価はいくらか。（円未満4捨5入）

答　　　　　　　　　　　

練習問題の解答

　(1) ¥10,546,205　　(2) ¥7,466,307　　(3) ¥5,347,261　　(4) ¥7,489,398

¥6,130,000を年利率3%，1年1期の複利で8年間貸すと，複利利息はいくらか。（円未満4捨5入）

〈解説〉複利利息＝複利終価－元金

複利利息＝元金×｛（1＋利率）^{期数}－1｝

複利利息＝元金×（複利終価率－1）

3％，8期の複利終価率…1.26677008

¥6,130,000×（1.26677008－1）＝¥1,635,301

答　　　　　¥1,635,301

〈キー操作〉ラウンドセレクターを5/4，小数点セレクターを0にセット

1.26677008 ─ 1 ✕ 6,130,000 ＝

◆練習問題◆

(5) 元金¥1,060,000を年利率2.5%，1年1期の複利で12年間借りると，複利利息は
いくらか。（円未満4捨5入）

答　　　　　

(6) 元金¥6,730,000を年利率6%，半年1期の複利で3年6か月間貸し付けると，
複利利息はいくらか。（円未満4捨5入）

答　　　　　

15年後に¥7,980,000を得たい。1年1期の複利で年利率4%とすれば，いま，いくら投資すれば
よいか。（円未満4捨5入）

〈解説〉複利現価＝期日受払高× $\dfrac{1}{（1＋利率）^{期数}}$

$\dfrac{1}{（1＋利率）^{期数}}$ の値を複利現価率という。

複利現価＝期日受払高×複利現価率

4％，15期の複利現価率…0.55526450

¥7,980,000×0.55526450＝¥4,431,011

答　　　　　¥4,431,011

〈キー操作〉ラウンドセレクターを5/4，小数点セレクターを0にセット

7,980,000 ✕ ・ 55526450 ＝

◆練習問題◆

(7) 4年6か月後に支払う負債¥3,050,000の複利現価はいくらか。ただし，年利率8%，
半年1期の複利とする。（円未満4捨5入）

答　　　　　

(8) 13年後に支払う負債¥9,750,000を年利率3.5%，1年1期の複利で割り引いて，
いま支払うとすれば支払額はいくらか。（円未満4捨5入）

答　　　　　

(9) 8年後に返済する負債¥1,790,000を年利率5.5%，1年1期の複利で割り引いて，
いま支払うとすれば複利現価はいくらか。（¥100未満切り上げ）

答　　　　　

練習問題の解答

(5) ¥365,582　　(6) ¥1,547,051　　(7) ¥2,142,890　　(8) ¥6,234,190　　(9) ¥1,166,400

6. 減価償却費の計算

建物・備品・機械などの固定資産は，時の経過や使用によって価値が減少する。この減少額を各年度に費用として計上し，その固定資産の帳簿価額から差し引いていくことを**減価償却**という。

取得価額……固定資産の買入価額

耐用年数……固定資産が使用に耐える推定年数

2級では，**定額法**が数題出題される。

定額法による計算（巻頭の数表を用いる）

例題1	減価償却計算表の作成

取得価額¥3,710,000 耐用年数20年の固定資産を定額法で減価償却するとき，減価償却計算表の第4期末まで記入せよ。ただし，決算は年1回，残存簿価¥1とする。

〈解説〉毎期償却限度額＝取得価額×定額法の償却率

耐用年数20年の定額法償却率…0.050

¥3,710,000	（第1期首帳簿価額）
¥3,710,000×0.050＝¥185,500	（毎期償却限度額）
¥3,710,000−¥185,500＝¥3,524,500	（第2期首帳簿価額）
¥3,524,500−¥185,500＝¥3,339,000	（第3期首帳簿価額）
¥3,339,000−¥185,500＝¥3,153,500	（第4期首帳簿価額）
¥185,500	（第1期末減価償却累計額）
¥185,500＋¥185,500＝¥371,000	（第2期末減価償却累計額）
¥371,000＋¥185,500＝¥556,500	（第3期末減価償却累計額）
¥556,500＋¥185,500＝¥742,000	（第4期末減価償却累計額）

減価償却計算表

期数	期首帳簿価額	償却限度額	減価償却累計額
1	3,710,000	185,500	185,500
2	3,524,500	185,500	371,000
3	3,339,000	185,500	556,500
4	3,153,500	185,500	742,000

〈キー操作〉[ ]は電卓の表示窓の数字

3,710,000 [3,710,000]	（第1期首帳簿価額）
✕ ・ 05 M+ [185,500]	（毎期償却限度額）
− − 3,710,000 ＝ [3,524,500]	（第2期首帳簿価額）
＝ [3,339,000]	（第3期首帳簿価額）
＝ [3,153,500]	（第4期首帳簿価額）
MR [185,500]	（第1期末減価償却累計額）
＋ ＋ ＝ [371,000]	（第2期末減価償却累計額）
＝ [556,500]	（第3期末減価償却累計額）
＝ [742,000]	（第4期末減価償却累計額）

◆練習問題◆

(1) 取得価額¥1,620,000 耐用年数15年の固定資産を定額法で減価償却するとき,
次の減価償却計算表の第4期末まで記入せよ。ただし,決算は年1回,残存簿価¥1と
する。

期数	期首帳簿価額	償 却 限 度 額	減価償却累計額
1			
2			
3			
4			

(2) 取得価額¥5,370,000 耐用年数35年の固定資産を定額法で減価償却するとき,
次の減価償却計算表の第4期末まで記入せよ。ただし,決算は年1回,残存簿価¥1と
する。

期数	期首帳簿価額	償 却 限 度 額	減価償却累計額
1			
2			
3			
4			

例題2　減価償却累計額を求める計算

取得価額¥6,930,000 耐用年数22年の固定資産を定額法で減価償却すれば,第8期末減価償却
累計額はいくらになるか。ただし,決算は年1回,残存簿価¥1とする。

〈解説〉耐用年数22年の定額法償却率…0.046

¥6,930,000×0.046＝¥318,780　　　　　　　　　　　　（毎期償却限度額）

¥318,780×8＝¥2,550,240　　　　　　　　　　　　　　（第8期末減価償却累計額）

答　　　　¥2,550,240

〈キー操作〉6,930,000 ✕ ・ 046 ✕ 8 ＝

練習問題の解答

(1)

期数	期首帳簿価額	償 却 限 度 額	減価償却累計額
1	1,620,000	108,540	108,540
2	1,511,460	108,540	217,080
3	1,402,920	108,540	325,620
4	1,294,380	108,540	434,160

(2)

期数	期首帳簿価額	償 却 限 度 額	減価償却累計額
1	5,370,000	155,730	155,730
2	5,214,270	155,730	311,460
3	5,058,540	155,730	467,190
4	4,902,810	155,730	622,920

例題3 期首帳簿価額を求める計算

取得価額¥4,860,000 耐用年数18年の固定資産を定額法で減価償却すれば，第6期首帳簿価額はいくらになるか。ただし，決算は年1回，残存簿価¥1とする。

〈解説〉 耐用年数18年の定額法償却率…0.056

$¥4,860,000 × 0.056 = ¥272,160$ （毎期償却限度額）

$¥272,160 × 5 = ¥1,360,800$ （第5期末減価償却累計額）

$¥4,860,000 - ¥1,360,800 = ¥3,499,200$ （第6期首帳簿価額）

答　　　¥3,499,200

〈キー操作〉 4,860,000 M+ × • 056 × 5 M- MR

◆練習問題◆

(3) 取得価額¥8,140,000 耐用年数26年の固定資産を定額法で減価償却すれば，第9期末減価償却累計額はいくらになるか。ただし，決算は年1回，残存簿価¥1とする。

答_____

(4) 取得価額¥2,320,000 耐用年数17年の固定資産を定額法で減価償却すれば，第15期首帳簿価額はいくらになるか。ただし，決算は年1回，残存簿価¥1とする。

答_____

(5) 取得価額¥3,090,000 耐用年数24年の固定資産を定額法で減価償却すれば，第13期末減価償却累計額はいくらになるか。ただし，決算は年1回，残存簿価¥1とする。

答_____

(6) 取得価額¥7,460,000 耐用年数9年の固定資産を定額法で減価償却すれば，第7期首帳簿価額はいくらになるか。ただし，決算は年1回，残存簿価¥1とする。

答_____

練習問題の解答

(3) ¥2,857,140　(4) ¥403,680　(5) ¥1,687,140　(6) ¥2,446,880

公益財団法人　全国商業高等学校協会主催

文　部　科　学　省　後　援

第 1 回　ビジネス計算実務検定模擬試験

第 2 級　普通計算部門　(制限時間　A・B・C合わせて30分)

(A) 乗　算　問　題

(注意) 円未満4捨5入、構成比率はパーセントの小数第2位未満4捨5入

No.	問題
1	￥ 7,984 × 586 =
2	￥ 3,307 × 203.1 =
3	￥ 650 × 8,397 =
4	￥ 21,563 × 0.643 =
5	￥ 482 × 178,760 =

答えの小計・合計	合計Aに対する構成比率	
小計(1)～(3)	(1)	(1)～(3)
	(2)	
	(3)	
小計(4)～(5)	(4)	(4)～(5)
	(5)	
合計A(1)～(5)		

(注意) ペンス未満4捨5入、構成比率はパーセントの小数第2位未満4捨5入

No.	問題
6	£ 194.75 × 4.68 =
7	£ 27.49 × 0.071004 =
8	£ 8.01 × 9,245 =
9	£ 5.38 × 52.912 =
10	£ 9,026.16 × 359 =

答えの小計・合計	合計Bに対する構成比率	
小計(6)～(8)	(6)	(6)～(8)
	(7)	
	(8)	
小計(9)～(10)	(9)	(9)～(10)
	(10)	
合計B(6)～(10)		

(B) 除 算 問 題

(注意) 円未満4捨5入、構成比率はパーセントの小数第2位未満4捨5入

1	¥ 309,048 ÷ 474 =
2	¥ 941,346 ÷ 1,302 =
3	¥ 537,727 ÷ 5.68 =
4	¥ 205 ÷ 0.037 =
5	¥ 1,256,742 ÷ 69,819 =

答えの小計・合計		合計Cに対する構成比率	
小計(1)～(3)	(1)	(1)～(3)	
	(2)		
	(3)		
小計(4)～(5)	(4)	(4)～(5)	
	(5)		
合計C(1)～(5)			

(注意) セント未満4捨5入、構成比率はパーセントの小数第2位未満4捨5入

6	$ 3,165.05 ÷ 9,043 =
7	$ 838.03 ÷ 205.91 =
8	$ 48,366.90 ÷ 610 =
9	$ 7,091.77 ÷ 88.25 =
10	$ 215.19 ÷ 0.76 =

答えの小計・合計		合計Dに対する構成比率	
小計(6)～(8)	(6)	(6)～(8)	
	(7)		
	(8)		
小計(9)～(10)	(9)	(9)～(10)	
	(10)		
合計D(6)～(10)			

	そろばん	(A) 乗算得点
	電 卓	(B) 除算得点

年　　　組　　　番
名前

24

第 2 級　普 通 計 算 部 門　(制限時間　A・B・C合わせて30分)

(C) 見 取 算 問 題

(注意)　構成比率はパーセントの小数第2位未満4捨5入

No.	1	2	3	4	5
1	¥ 90,973	¥ 8,370	¥ 581,204	¥ 2,561,947	¥ 15,346
2	4,751	946,582	67,923,568	7,184,330	570,983
3	28,306	12,609	4,017,395	-3,650,278	63,207
4	7,148	-53,154	36,442	9,205,901	89,170
5	5,439	-720,861	890,713	6,932,752	426,518
6	31,064	4,738	78,626	5,748,160	94,032
7	82,597	39,216	10,354,930	-8,587,014	248,699
8	3,215	675,047	9,702,851	-4,096,423	81,460
9	19,600	-2,985	45,079	3,819,586	37,351
10	46,852	-341,490	169,187	1,374,629	50,826
11	9,387	80,123	2,432,956		13,974
12	8,021	6,635			902,458
13	62,769	107,894			736,712
14	70,845	-98,036			25,061
15	2,913	5,271			49,785
16	1,624	74,592			
17	57,280				
18	4,176				
19	30,532				
20	6,498				
計					

答えの小計
小計(1)～(3)　　　　小計(4)～(5)

答えの合計
合計E(1)～(5)

	(1)	(2)	(3)	(4)	(5)

合計Eに対する構成比率
(1)～(3)　　　　(4)～(5)

(注意) 構成比率はパーセントの小数第2位未満4捨5入

No.	6	7	8	9	10
	€		€	€	€
1	96,723.48	3,074.15	698.82	781,043.19	47,936.01
2	514.16	85,692.70	13.59	405,376.82	725,849.63
3	318,092.54	138.46	9,457.10	273,495.67	853,512.89
4	68.97	2,961.83	-41.25	164,523.98	94,024.70
5	2,840.73	60,420.31	-782.94	908,361.55	-38,653.28
6	79,157.62	547.24	3,263.01	652,937.40	-904,871.67
7	435.01	9,316.57	86.70	580,418.26	219,763.72
8	105,286.39	71,159.82	-5,130.49	327,190.64	73,108.50
9	903.75	805.16	24.68	102,879.70	-52,290.14
10	87,749.26	4,282.37	369.35	859,124.83	-680,389.41
11	620,478.35	760.29	4,807.53		15,465.06
12	21.89	53,943.68	-7,060.84		562,143.97
13	3,065.10	6,408.92	-15.27		
14		379.05	972.61		
15		21,750.94			
計					

答えの	小計(6)〜(8)				小計(9)〜(10)
小計 合計	合計F(6)〜(10)				

	(6)	(7)	(8)	(9)	(10)
合計Fに 対する 構成比率	(6)〜(8)			(9)〜(10)	

	そろばん		(C) 見取算得点	見取算得点	総 得 点
年　　組　　番	電 卓				

名前

第 2 級　ビジネス計算部門 (制限時間30分)

(注意) I. 減価償却費・複利の計算については，別紙の数表を用いること。

II. 答えに端数が生じた場合は(　)内の条件によって処理すること。

(1) 額面¥4,830,000の約束手形を割引率年4.35%で割り引くと，割引料はいくらか。ただし，割引日数は81日とする。(円未満切り捨て)

答_____

(2) 5,370lbは何キログラムか。ただし，1lb＝0.4536kgとする。(キログラム未満4捨5入)

答_____

(3) ある商品を¥977,300で販売したところ，原価の45%の利益を得た。この商品の原価はいくらであったか。

答_____

(4) 元金¥6,240,000を年利率5%，半年1期の複利で7年間貸すと，複利終価はいくらか。(円未満4捨5入)

答_____

(5) ある商品を20袋につき¥8,400で仕入れ，代金¥411,600を支払った。仕入数量は何袋か。

答_____

(6) ¥3,180,000を年利率2.63%の単利で5月20日から7月15日まで借りると，期日に支払う元利合計はいくらか。(片落とし，円未満切り捨て)

答_____

(7) 1ydにつき¥63,500の商品を10m建にするといくらになるか。ただし，1yd＝0.9144mとする。(計算の最終で円未満4捨5入)

答_____

【裏面につづく】

(8) 取得価額¥5,980,000 耐用年数16年の固定資産を定額法で減価償却すれば，第12期首帳簿価額はいくらになるか。ただし，決算は年1回，残存簿価¥1とする。

答_____

(9) ある会社の先月のガス料金は¥278,000で，今月のガス料金は¥375,300であった。今月のガス料金は先月に比べて何割何分増加したか。

答_____

(10) ¥8,060,000を年利率0.51%の単利で8月3日から10月20日まで貸し付けると，期日に受け取る利息はいくらか。（片落とし，円未満切り捨て）

答_____

(11) 1mにつき¥9,100の商品を340m仕入れ，諸掛り¥76,000を支払った。この商品に諸掛込原価の18%の利益を見込んで全部販売すると，利益の総額はいくらか。

答_____

(12) 8年後に支払う負債¥1,270,000を年利率3.5%，1年1期の複利で割り引いて，いま支払うとすればその金額はいくらか。（¥100未満切り上げ)

答_____

(13) 原価¥645,000の商品を¥825,600で販売した。利益額は原価の何パーセントにあたるか。

答_____

(14) 年利率4.38%の単利で3月5日から5月29日まで借り入れたところ，期日に利息¥59,568を支払った。元金はいくらであったか。（片落とし）

答_____

(15) 10kgにつき£16.35の商品を60kg仕入れた。仕入代金は円でいくらか。ただし，£1=¥183とする。（計算の最終で円未満4捨5入）

答_____

2級問題②

年	組	番	名前

(16) 翌年2月8日満期，額面¥7,460,000の手形を，11月10日に割引率年3.75%
で割り引くと，手取金はいくらか。（両端入れ，割引料の円未満切り捨て）

答_____

(17) ¥3,840,000を年利率1.89%の単利で貸し付け，期日に利息¥48,384を
受け取った。貸付期間は何か月間であったか。

答_____

(18) 原価¥240,000の商品に原価の36％の利益を見込んで予定売価をつけ，予定
売価の15%引きで販売した。値引額はいくらか。

答_____

(19) 仲立人が売り主・買い主双方から2.4%ずつの手数料を受け取る約束で
¥7,130,000の商品の売買を仲介した。買い主の支払総額はいくらか。

答_____

(20) 取得価額¥8,570,000　耐用年数28年の固定資産を定額法で減価償却すると
き，次の減価償却計算表の第4期末まで記入せよ。ただし，決算は年1回，残存簿
価¥1とする。

減 価 償 却 計 算 表

期数	期首帳簿価額	償却限度額	減価償却累計額
1			
2			
3			
4			

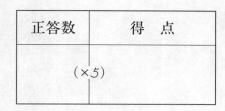

	年　　　　組　　　　番
名前	

正答数	得　点
	（×5）

2級問題③

第2回 ビジネス計算実務検定模擬試験 (制限時間 A・B・C合わせて30分)

第 2 級 普通計算部門

(A) 乗 算 問 題

(注意) 円未満4捨5入、構成比率はパーセントの小数第2位未満4捨5入

1	¥ 4,648 × 783 =	
2	¥ 2,310 × 4,132 =	
3	¥ 70,965 × 0.901 =	
4	¥ 527 × 85.59 =	
5	¥ 193 × 679,824 =	

答えの小計・合計	合計Aに対する構成比率	
小計(1)〜(3)	(1)	(1)〜(3)
	(2)	
	(3)	
小計(4)〜(5)	(4)	(4)〜(5)
	(5)	
合計A(1)〜(5)		

(注意) セント未満4捨5入、構成比率はパーセントの小数第2位未満4捨5入

6	$ 387.49 × 9.16 =	
7	$ 61.84 × 140.75 =	
8	$ 9.72 × 5,620 =	
9	$ 2.51 × 30,347 =	
10	$ 8,005.36 × 0.0268 =	

答えの小計・合計	合計Bに対する構成比率	
小計(6)〜(8)	(6)	(6)〜(8)
	(7)	
	(8)	
小計(9)〜(10)	(9)	(9)〜(10)
	(10)	
合計B(6)〜(10)		

(B) 除 算 問 題

(注意) 円未満4捨5入、構成比率はパーセントの小数第2位未満4捨5入

1	¥	$490,240 \div 766 =$
2	¥	$52 \div 0.1483 =$
3	¥	$24,777,330 \div 570 =$
4	¥	$65,387 \div 9.2 =$
5	¥	$1,960,456 \div 23,908 =$

答えの小計・合計	合計Cに対する構成比率
小計(1)～(3)	(1) ～ (3)
	(1)
	(2)
	(3)
小計(4)～(5)	(4) ～ (5)
	(4)
	(5)
合計C(1)～(5)	

(注意) セント未満4捨5入、構成比率はパーセントの小数第2位未満4捨5入

6	€	$4,490.64 \div 8,019 =$
7	€	$7777.79 \div 627.25 =$
8	€	$5.444 \div 0.0584 =$
9	€	$832.41 \div 30.97 =$
10	€	$32,596.23 \div 41 =$

答えの小計・合計	合計Dに対する構成比率
小計(6)～(8)	(6) ～ (8)
	(6)
	(7)
	(8)
小計(9)～(10)	(9) ～ (10)
	(9)
	(10)
合計D(6)～(10)	

(A) 乗算得点	(B) 除算得点

| そろばん | |
| 電 卓 | |

| 年 組 番 | |
| 名前 | |

第 2 級　普通計算部門　(制限時間　A・B・C合わせて30分)

(C) 見 取 算 問 題

(注意) 構成比率はパーセントの小数第2位未満4捨5入

No.	1	2	3	4	5
1	¥ 315,409	¥ 88,621	¥ 6,927	1,634,582	¥ 4,125
2	62,780,165	2,450	831,064	7,970,143	9,860
3	943,872	39,778	73,586	59,904	2,703
4	5,269,341	60,537	-9,470	2,061,738	-1,350
5	48,107,683	1,842	-5,619	3,408,967	-8,274
6	592,517	46,103	18,732	815,029	6,697
7	14,471,956	97,264	2,151	36,845	7,538
8	7,023,798	5,782	4,903	9,183,216	3,019
9	29,630,843	74,015	-607,248	4,397,690	5,946
10	859,020	21,329	-3,395	642,351	-4,783
11		83,906	-20,814	5,725,476	-1,805
12		6,487	516,728	71,524	3,462
13		40,793	7,659	8,509,230	2,021
14		96,231	4,205	7,217,068	6,394
15		17,565	98,043		4,280
16		3,049			8,937
17		58,954			-7,459
18					-5,108
19					-9,612
20					1,576
計					

答えの
小計　小計(1)～(3)　　　　小計(4)～(5)

合計　合計E(1)～(5)

	(1)	(2)	(3)	(4)	(5)

合計Eに
対する　(1)～(3)　　　　(4)～(5)
構成比率

33

(注意) 構成比率はパーセントの小数第2位未満4捨5入

No.	6	7	8	9	10
	£	£	£	£	£
1	741,365.03	964,723.80	128.76	2,037.14	59,794.38
2	92,817.95	158,486.37	8,907.34	69.82	7,126.80
3	60,429.87	821,975.49	261.85	156.03	4,513.76
4	583,752.24	705,681.27	-350.62	9,384.18	683,265.42
5	276,140.51	349,260.13	-4,779.10	6,742.59	-89.15
6	38,691.30	416,857.08	243.27	51,920.06	176.29
7	109,536.79	593,078.94	6,415.91	3,573.98	-2,342.06
8	484,973.12	632,539.60	581.38	7,295.64	-908.67
9	25,087.43	480,314.21	636.09	810.45	-3,052.94
10	819,453.06	297,102.55	-7,048.56	4,631.39	-157,437.81
11	56,204.68		-952.75	29,058.70	60.53
12	67,518.92		824.03	16.27	9,811.20
13			3,190.49	5,307.46	-80,645.01
14				8,479.21	2,578.39
15					4,093.47
計					

| 答えの | 小計 | 小計(6)～(8) | | | 小計(9)～(10) |
| | 合計 | 合計F(6)～(10) | | | |

| 合計Fに対する構成比率 | (6) | (7) | (8) | (9) | (10) |
| | (6)～(8) | | | (9)～(10) | |

| | （C) 見取算得点 | 総 得 点 |

| そろばん | | | | 番 | 組 | 年 | 名前 |
| 電 卓 | | | | | | | |

第2級　ビジネス計算部門（制限時間30分）

（注意）I. 減価償却費・複利の計算については，別紙の数表を用いること。

II. 答えに端数が生じた場合は（　）内の条件によって処理すること。

(1) ＄532.78は円でいくらか。ただし，＄1＝¥136とする。（円未満4捨5入）

答　　　　　　　　　　　

(2) 原価¥720,000の商品に原価の45％の利益を見込んで予定売価をつけたが，予定売価の12％引きで販売した。実売価はいくらか。

答　　　　　　　　　　　

(3) ¥3,480,000を年利率5.5％，1年1期の複利で11年間貸し付けると，複利終価はいくらか。（円未満4捨5入）

答　　　　　　　　　　　

(4) 取得価額¥2,680,000　耐用年数17年の固定資産を定額法で減価償却すれば，第8期末減価償却累計額はいくらになるか。ただし，決算は年1回，残存簿価¥1とする。

答　　　　　　　　　　　

(5) ある商品を¥650,160で販売したところ，原価の26％の利益を得た。この商品の原価はいくらであったか。

答　　　　　　　　　　　

(6) 4月5日満期，額面¥1,820,000の約束手形を2月10日に割引率年5.45％で割り引くと，割引料はいくらか。（平年，両端入れ，円未満切り捨て）

答　　　　　　　　　　　

(7) ¥4,920,000を単利で9か月間借り入れ，期日に利息¥126,198を支払った。利率は年何パーセントであったか。パーセントの小数第2位まで求めよ。

答　　　　　　　　　　　

2級問題①

【裏面につづく】

(8) ある会場の昨年の入場者数は936,000人で，今年の入場者数は430,560人で
   あった。今年の入場者数は昨年の入場者数に比べて何割何分減少したか。

   答＿＿＿＿＿＿＿＿＿＿

(9) /Lにつき€48.59の商品を86L仕入れた。仕入代金は円でいくらか。ただし，
   €/＝¥/45とする。（計算の最終で円未満4捨5入）

   答＿＿＿＿＿＿＿＿＿＿

(/0) 元金¥6,950,000を年利率2.37%の単利で6月6日から9月/3日まで貸し付ける
   と，期日に受け取る利息はいくらか。（片落とし，円未満切り捨て）

   答＿＿＿＿＿＿＿＿＿＿

(//) ある商品を5個につき¥3,600で仕入れ，代金¥5/4,800を支払った。仕入数量
   は何個であったか。

   答＿＿＿＿＿＿＿＿＿＿

(/2) 5年後に支払う負債¥4,5/0,000の複利現価はいくらか。ただし，年利率8%，
   半年/期の複利とする。（¥/00未満切り上げ）

   答＿＿＿＿＿＿＿＿＿＿

(/3) 元金¥8,330,000を年利率/.36%の単利で3月2/日から5月9日まで借りる
   と，期日に支払う元利合計はいくらか。（片落とし，円未満切り捨て）

   答＿＿＿＿＿＿＿＿＿＿

(/4) ある商品を予定売価の/4%引きして¥589,/00で販売した。この商品の予定
   売価はいくらであったか。

   答＿＿＿＿＿＿＿＿＿＿

(/5) 額面¥8,470,000の手形を，割引率年2./5%で割り引くと，手取金はいくら
   か。ただし，割引日数は74日とする。（割引料の円未満切り捨て）

   答＿＿＿＿＿＿＿＿＿＿

2級問題②

年	組	番	名前

36

(16) 仲立人が売り主から1.6%，買い主から1.5%の手数料を受け取る約束で
¥7,960,000の商品の売買を仲介した。仲立人が得た手数料の合計額はいくらか。

答
_____

(17) 年利率5.11%の単利で11月9日から翌年1月21日まで貸し付け，期日に利息
¥93,513を受け取った。元金はいくらであったか。（片落とし）

答
_____

(18) 10lbにつき¥2,870の商品を60kg建にするといくらになるか。ただし，
1lb=0.4536kgとする。（計算の最終で円未満4捨5入）

答
_____

(19) 1箱につき¥3,750の商品を840箱仕入れ，諸掛り¥92,400を支払った。こ
の商品に諸掛込原価の39%の利益を見込んで全部販売すると，実売価の総額はい
くらか。

答
_____

(20) 取得価額¥7,150,000　耐用年数26年の固定資産を定額法で減価償却すると
き，次の減価償却計算表の第4期末まで記入せよ。ただし，決算は年1回，残存簿
価¥1とする。

減 価 償 却 計 算 表

期数	期首帳簿価額	償却限度額	減価償却累計額
1			
2			
3			
4			

年	組	番
名前		

正答数	得　点
	(×5)

2級問題③

公益財団法人 全国商業高等学校協会主催

文 部 科 学 省 後 援

第 3 回 ビジネス計算実務検定模擬試験 (制限時間 A・B・C合わせて30分)

第 2 級 普 通 計 算 部 門

(A) 乗 算 問 題

(注意) 円未満4捨5入。構成比率はパーセントの小数第2位未満4捨5入。

		答えの小計・合計	合計Aに対する構成比率
1	¥ 986 × 7,254 =	(1)	(1)〜(3)
2	¥ 2,401 × 1,043 =	(2)	
3	¥ 8,274 × 6.08 =	(3) 小計(1)〜(3)	
4	¥ 153 × 929,470 =	(4)	(4)〜(5)
5	¥ 30,079 × 0.0267 =	(5) 小計(4)〜(5)	
		合計A(1)〜(5)	

(注意) セント未満4捨5入。構成比率はパーセントの小数第2位未満4捨5入。

		答えの小計・合計	合計Bに対する構成比率
6	€ 4.97 × 5,096 =	(6)	(6)〜(8)
7	€ 63.42 × 4,887.5 =	(7)	
8	€ 716.28 × 0.139 =	(8) 小計(6)〜(8)	
9	€ 3,651.80 × 312 =	(9)	(9)〜(10)
10	€ 5.95 × 83.561 =	(10) 小計(9)〜(10)	
		合計B(6)〜(10)	

39

（B）除　算　問　題

（注意）円未満4捨5入、構成比率はパーセントの小数第2位未満4捨5入

1	¥　387,846 ÷ 87 =
2	¥　213,003 ÷ 10,143 =
3	¥　4,615 ÷ 0.0754 =
4	¥　74,636 ÷ 94.2 =
5	¥　1,135,640 ÷ 3,560 =

答えの小計・合計	合計Cに対する構成比率	
小計(1)～(3)	(1)	(1)～(3)
	(2)	
	(3)	
小計(4)～(5)	(4)	(4)～(5)
	(5)	
合計C(1)～(5)		

（注意）ペンス未満4捨5入、構成比率はパーセントの小数第2位未満4捨5入

6	£　9,114.95 ÷ 481 =
7	£　51.16 ÷ 0.5309 =
8	£　2,026.48 ÷ 2,776 =
9	£　5,687.66 ÷ 690.25 =
10	£　1,925.83 ÷ 3.8 =

答えの小計・合計	合計Dに対する構成比率	
小計(6)～(8)	(6)	(6)～(8)
	(7)	
	(8)	
小計(9)～(10)	(9)	(9)～(10)
	(10)	
合計D(6)～(10)		

（A）乗算得点	（B）除算得点

そろばん	
電　卓	

年　　　組　　　番
名前

40

[第 3 回模擬]

第 2 級　普通計算部門

(C) 見取算問題

（制限時間　A・B・C合わせて30分）

(注意) 構成比率はパーセントの小数第2位未満4捨5入

No.	1	2	3	4	5
1	¥ 4,592	¥ 840,637	¥ 51,209	¥ 785,013	¥ 1,723,386
2	7,308	21,996	9,843	49,251	87,609,465
3	9,165	70,156,853	274,180	60,764	-342,579
4	8,241	-4,394,710	6,567	954,835	2,018,693
5	3,679	-17,542	8,602,935	21,697	474,826
6	1,056	582,189	3,614	88,470	-73,590,231
7	5,720	9,703,028	48,752	392,059	-6,456,107
8	6,403	-13,479,265	9,078	71,912	987,054
9	2,787	-628,973	195,396	56,384	30,125,918
10	9,314	35,401	4,622	803,206	5,841,092
11	3,890	6,802,564	7,830,451	96,127	
12	7,461		2,798	37,589	
13	5,529		63,173	10,498	
14	6,948		1,520	267,145	
15	8,132		5,047	42,360	
16	2,604		467,405		
17	4,950		8,234		
18	5,817		3,910,861		
19	8,073				
20	1,286				
計					

答えの
小計　小計(1)～(3)　　　　　　　　　　小計(4)～(5)

合計　合計E(1)～(5)

(1)	(2)	(3)	(4)	(5)

合計Eに
対する
構成比率　(1)～(3)　　　　　　　　　　(4)～(5)

41

(注意) 構成比率はパーセントの小数第2位未満4捨5入

No.	6	7	8	9	10
	$	$	$	$	$
1	97,138.54	8,941.60	39,576.81	261,508.48	62.75
2	6,204.37	35,667.32	42,103.40	9,276.51	509.38
3	51,586.49	174,502.48	96,729.05	30,793.26	708,734.12
4	30,972.81	2,075.96	-71,844.73	8,315.40	46.89
5	129.63	738.14	-65,280.98	197,820.39	-2,153.60
6	42,647.80	53,490.89	23,057.16	54,659.17	-87.43
7	8,795.27	319,825.41	49,691.37	6,432.85	90,472.02
8	25,310.06	46,386.50	-54,368.21	702,981.73	19.46
9	74,083.65	9,214.72	18,532.50	3,067.94	641.58
10	3,249.12	67,159.07	82,704.69	41,148.60	90.21
11	69,851.93	806.45		956,784.02	-83.77
12	460.31	201,783.23		25,139.87	-169,438.96
13	82,915.70			4,206.35	-25,801.30
14	7,506.18				3,526.54
15					95.17
計					

答えの 小計 小計(6)～(8)　小計(9)～(10)
合計 合計F(6)～(10)

合計Fに対する構成比率
(6)　(7)　(8)　(9)　(10)
(6)～(8)　(9)～(10)

年　組　番

名前

そろばん　電卓

(C) 見取算得点

見取算得点　総得点

42

第2級　ビジネス計算部門 (制限時間30分)

(注意) I. 減価償却費・複利の計算については，別紙の数表を用いること。

II. 答えに端数が生じた場合は(　)内の条件によって処理すること。

(1) 9,810mは何ヤードか。ただし，1yd＝0.9144mとする。(ヤード未満4捨5入)

答_____

(2) 原価¥180,000の商品に原価の2割5分の利益を見込んで予定売価をつけたが，
予定売価の1割1分引きで販売した。実売価はいくらであったか。

答_____

(3) 額面¥5,940,000の手形を割引率年1.25%で割り引くと，割引料はいくらか。
ただし，割引日数は93日とする。(円未満切り捨て)

答_____

(4) 元金¥2,690,000を年利率2.51%の単利で，1年2か月間貸し付けた。期日に
受け取る利息はいくらか。(円未満切り捨て)

答_____

(5) 元金¥4,350,000を年利率4.5%，1年1期の複利で15年間貸すと，複利終価
はいくらか。(円未満4捨5入)

答_____

(6) ある商品の今月の生産高は¥150,800で，先月の生産高より16%増加した。
先月の生産高はいくらであったか。

答_____

(7) 予定売価¥470,000の商品を¥319,600で販売した。値引額は予定売価の何割
何分か。

答_____

2級問題①

【裏面につづく】

(8) 取得価額¥7,510,000 耐用年数20年の固定資産を定額法で減価償却すれば，第7期首帳簿価額はいくらになるか。ただし，決算は年1回，残存簿価¥1とする。

答_____

(9) 10lbにつき£89.10の商品を510lb仕入れた。仕入代金は円でいくらか。ただし，£1=¥136とする。（計算の最終で円未満4捨5入）

答_____

(10) ¥6,270,000を単利で1年5か月間貸し付け，期日に利息¥454,784を受け取った。利率は年何パーセントであったか。パーセントの小数第2位まで求めよ。

答_____

(11) 7年後に支払う負債¥8,960,000を年利率5%，半年1期の複利で割り引いて，いま支払うとすればその金額はいくらか。（¥100未満切り上げ）

答_____

(12) 年利率4.65%の単利で219日間借り入れ，期日に利息¥262,818を支払った。借入金はいくらであったか。

答_____

(13) 5足につき¥4,150の商品を仕入れ，仕入代金として¥356,900を支払った。仕入数量は何足であったか。

答_____

(14) ¥6,120,000を年利率3.74%の単利で6月15日から8月7日まで借りると，期日に支払う元利合計はいくらか。（片落とし，円未満切り捨て）

答_____

(15) ある商品を予定売価の19%引きして¥583,200で販売した。この商品の予定売価はいくらであったか。

答_____

年	組	番	名前

(16) 仲立人が売り主・買い主の双方から2.9%ずつの手数料を受け取る約束で
¥9,630,000の商品の売買を仲介した。売り主の手取金はいくらか。

答＿＿＿＿＿＿＿＿＿＿＿

(17) /米トンにつき¥390,000の商品を50kg建にするといくらになるか。ただし，
/米トン＝907.2kgとする。（計算の最終で円未満4捨5入）

答＿＿＿＿＿＿＿＿＿＿＿

(18) 額面¥4,580,000の約束手形を3月4日に割引率年3.55%で割り引くと，
手取金はいくらか。ただし，満期は5月/0日とする。
（両端入れ，割引料の円未満切り捨て）

答＿＿＿＿＿＿＿＿＿＿＿

(19) 20冊につき¥2,800の商品を3,/40冊仕入れ，諸掛り¥21,400を支払った。
この商品に諸掛込原価の38%の利益を見込んで販売すると，実売価の総額はいく
らか。

答＿＿＿＿＿＿＿＿＿＿＿

(20) 取得価額¥3,270,000 耐用年数/4年の固定資産を定額法で減価償却すると
き，次の減価償却計算表の第4期末まで記入せよ。ただし，決算は年/回，残存簿
価¥/とする。

減 価 償 却 計 算 表

期数	期首帳簿価額	償 却 限 度 額	減価償却累計額
/			
2			
3			
4			

年 組 番
名前

正答数	得 点
(×5)	

2級問題③

公益財団法人 全国商業高等学校協会主催

文 部 科 学 省 後 援

第 4 回 ビジネス計算実務検定模擬試験

第 2 級 普通計算部門　（制限時間　A・B・C合わせて30分）

(A) 乗 算 問 題

(注意) 円未満4捨5入, 構成比率はパーセントの小数第2位未満4捨5入

1	¥ 9,554 × 768 =
2	¥ 2,381 × 4,026 =
3	¥ 869 × 0.06153 =
4	¥ 50,137 × 907 =
5	¥ 470 × 1,914.85 =

答えの小計・合計	合計Aに対する構成比率
小計(1)～(3)	(1)～(3)
(1)	
(2)	
(3)	
小計(4)～(5)	(4)～(5)
(4)	
(5)	
合計A(1)～(5)	

(注意) ペンス未満4捨5入, 構成比率はパーセントの小数第2位未満4捨5入

6	£ 3.92 × 52,732 =
7	£ 64.25 × 208.444 =
8	£ 179.46 × 0.359 =
9	£ 2.18 × 8,930 =
10	£ 7,806.03 × 6.71 =

答えの小計・合計	合計Bに対する構成比率
小計(6)～(8)	(6)～(8)
(6)	
(7)	
(8)	
小計(9)～(10)	(9)～(10)
(9)	
(10)	
合計B(6)～(10)	

（B）除算問題

（注意）円未満4捨5入、構成比率はパーセントの小数第2位未満4捨5入

		答えの小計・合計		合計Cに対する構成比率	
1	¥ 353,007 ÷ 643 =		(1)	(1)～(3)	
2	¥ 981,981 ÷ 4,251 =		(2)		
3	¥ 6,751 ÷ 0.87 =	小計(1)～(3)	(3)		
4	¥ 7,301,835 ÷ 90.6 =		(4)	(4)～(5)	
5	¥ 871,605 ÷ 13,835 =	小計(4)～(5) 合計C(1)～(5)	(5)		

（注意）セント未満4捨5入、構成比率はパーセントの小数第2位未満4捨5入

		答えの小計・合計		合計Dに対する構成比率	
6	$ 241.08 ÷ 7.84 =		(6)	(6)～(8)	
7	$ 1,400.08 ÷ 1,628 =		(7)		
8	$ 3,551.57 ÷ 370.99 =	小計(6)～(8)	(8)		
9	$ 20.91 ÷ 0.052 =		(9)	(9)～(10)	
10	$ 47,428.80 ÷ 2,410 =	小計(9)～(10) 合計D(6)～(10)	(10)		

そろばん	
電 卓	

（A）乗算得点	（B）除算得点

年　　　組　　　番

名前

48

第 2 級　普 通 計 算 部 門
（C）見 取 算 問 題

（制限時間　A・B・C合わせて30分）

（注意）構成比率はパーセントの小数第2位未満4捨5入

No.	1	2	3	4	5
1	¥ 20,974	¥ 9,578,630	¥ 67,215	¥ 791,341	¥ 3,568
2	615,335	432,417	94,638	3,629,780	8,051
3	84,290	67,160,582	32,707	953,025	759,385
4	37,651	2,891,075	-81,459	40,696	1,730
5	708,106	304,849	20,390	1,287,238	-4,695
6	93,540	51,259,201	48,562	6,457	-8,243
7	56,482	7,497,366	-17,043	832,574	-236,109
8	131,967	85,083,914	-26,189	5,498,163	45,846
9	45,023	526,537	95,871	85,970	6,779
10	62,715	1,864,093	73,504	300,892	9,410
11	879,809		51,923	2,176,147	-1,306
12	97,268		-69,830	4,609	-320,167
13	18,342		-40,116		2,984
14	403,691		74,285		9,612
15	52,476		35,964		7,481
16			86,027		525,073
17					-4,218
18					-90,827
19					5,794
20					6,032
計					

答えの	小計	小計(1)～(3)		小計(4)～(5)	
	合計	合計E(1)～(5)			

	(1)	(2)	(3)	(4)	(5)
合計Eに対する構成比率	(1)～(3)			(4)～(5)	

49

(注意) 構成比率はパーセントの小数第2位未満4捨5入

No.	6	7	8	9	10
	€	€	€	€	€
1	13,680.47	4,563.92	709.86	889,762.53	57,461.79
2	57,149.50	370.18	4,235.10	926,419.05	6,084.07
3	982,237.93	76,124.65	64.97	430,954.26	348,572.91
4	35,091.68	5,893.21	803.13	207,123.60	-95,690.42
5	26,754.86	-902.40	528.42	165,035.78	-82,347.63
6	78,962.04	-17,256.74	71.05	931,876.42	44,835.80
7	694,085.31	8,687.03	9,657.34	513,281.27	9,218.95
8	45,178.19	739.90	546.21	308,947.08	-263,150.61
9	59,427.20	-23,015.86	3,490.78	750,138.45	-6,973.24
10	862,316.92	481.37	12.60	679,496.81	29,381.56
11	30,741.35	6,829.51	385.59		731,705.08
12		-34,052.19	678.37		12,068.53
13		-2,748.06	8,901.29		7,924.10
14		60,491.57	26.84		
15		945.38			
計					

答えの	小計	小計(6)～(8)			小計(9)～(10)	
	合計	合計F(6)～(10)				

合計Fに		(6)	(7)	(8)	(9)	(10)
対する	構成比率	(6)～(8)			(9)～(10)	

		番	組	年		名前

	そろばん			(C) 見取算得点	見取算得点	総 得 点
	電卓					

50

第2級　ビジネス計算部門 （制限時間30分）

（注意）I. 減価償却費・複利の計算については，別紙の数表を用いること。

II. 答えに端数が生じた場合は（　）内の条件によって処理すること。

(1) ¥79,410は何ポンド何ペンスか。ただし，£1 =¥139とする。

（ペンス未満4捨5入）

答＿＿＿＿＿＿＿＿＿＿＿＿

(2) 元金¥5,130,000を年利率2.14%の単利で3月27日から5月23日まで貸し付けると，期日に受け取る利息はいくらか。（片落とし，円未満切り捨て）

答＿＿＿＿＿＿＿＿＿＿＿＿

(3) 原価¥380,000の商品に¥152,000の利益を見込んで予定売価をつけたが，予定売価の12%引きで販売した。実売価はいくらであったか。

答＿＿＿＿＿＿＿＿＿＿＿＿

(4) 12年後に支払う負債¥4,510,000を年利率6.5%，1年1期の複利で割り引いて，いま支払うとすればその金額はいくらか。（¥100未満切り上げ）

答＿＿＿＿＿＿＿＿＿＿＿＿

(5) 1ydにつき¥78,200の商品を10m建にするといくらになるか。ただし，1yd＝0.9144mとする。（計算の最終で円未満4捨5入）

答＿＿＿＿＿＿＿＿＿＿＿＿

(6) 取得価額¥5,260,000　耐用年数18年の固定資産を定額法で減価償却すれば，第11期末減価償却累計額はいくらになるか。ただし，決算は年1回，残存簿価¥1とする。

答＿＿＿＿＿＿＿＿＿＿＿＿

(7) ある商品を20枚につき¥8,250で仕入れ，代金¥404,250を支払った。仕入数量は何枚であったか。

答＿＿＿＿＿＿＿＿＿＿＿＿

(8) 額面¥2,490,000の手形を4月18日に割引率年4.55%で割り引くと，手取金はいくらか。ただし，満期は6月2日とする。（両端入れ，割引料の円未満切り捨て）

答_____

(9) ある検定試験の昨年度の受験者数は143,850人で，今年度の受験者数は昨年度より8%減少した。今年度の受験者数は何人であったか。

答_____

(10) 年利率4.42%の単利で9か月間貸し付け，期日に利息¥322,881を受け取った。貸付金はいくらであったか。

答_____

(11) 額面¥8,640,000の約束手形を割引率年5.25%で割り引くと，割引料はいくらか。ただし，割引日数は58日とする。（円未満切り捨て）

答_____

(12) 1冊につき¥1,600の商品を530冊仕入れ，諸掛り¥46,000を支払った。この商品に諸掛込原価の33%の利益を見込んで販売すると，利益の総額はいくらになるか。

答_____

(13) 元金¥3,930,000を年利率4%，半年1期の複利で7年間貸すと，複利終価はいくらか。（円未満4捨5入）

答_____

(14) 原価¥614,000の商品を¥871,880で販売した。利益額は原価の何割何分か。

答_____

(15) 元金¥2,510,000を年利率3.89%の単利で1年5か月間貸し付けると，期日に受け取る元利合計はいくらか。（円未満切り捨て）

答_____

(16) 仲立人が売り主・買い主双方から2.6%ずつの手数料を受け取る約束で
  ¥8,360,000の商品の売買を仲介した。買い主の支払総額はいくらか。

答_____

(17) ¥9,490,000を単利で81日間借り入れ，期日に利息¥129,519を支払った。
  利率は年何パーセントであったか。パーセントの小数第2位まで求めよ。

答_____

(18) ある商品を¥421,600で販売したところ，原価の36%の利益を得た。この
  商品の原価はいくらであったか。

答_____

(19) 10Lにつき$95.10の商品を680L仕入れた。仕入代金は円でいくらか。
  ただし，$1＝¥112とする。（計算の最終で円未満4捨5入）

答_____

(20) 取得価額¥4,680,000　耐用年数21年の固定資産を定額法で減価償却すると
  き，次の減価償却計算表の第4期末まで記入せよ。ただし，決算は年1回，残存簿
  価¥1とする。

減 価 償 却 計 算 表

期数	期 首 帳 簿 価 額	償 却 限 度 額	減 価 償 却 累 計 額
1			
2			
3			
4			

年	組	番
名前		

正答数	得　点
(×5)	

2級問題③

公益財団法人　全国商業高等学校協会主催

文　部　科　学　省　後　援

第5回　ビジネス計算実務検定模擬試験

第 2 級　普 通 計 算 部 門　（制限時間　A・B・C合わせて30分）

(A) 乗 算 問 題

（注意）　円未満4捨5入、構成比率はパーセントの小数第2位未満4捨5入

1	¥	793 × 8,489 =
2	¥	34,520 × 231 =
3	¥	8,674 × 50.6 =
4	¥	1,109 × 0.7682 =
5	¥	285 × 324,307 =

答えの小計・合計	合計Aに対する構成比率	
小計(1)～(3)	(1)	(1)～(3)
	(2)	
	(3)	
小計(4)～(5)	(4)	(4)～(5)
	(5)	
合計A(1)～(5)		

（注意）　セント未満4捨5入、構成比率はパーセントの小数第2位未満4捨5入

6	$	570.36 × 0.0713 =
7	$	9.18 × 402.5 =
8	$	6,395.47 × 960 =
9	$	42.62 × 65,178 =
10	$	8.01 × 1.5994 =

答えの小計・合計	合計Bに対する構成比率	
小計(6)～(8)	(6)	(6)～(8)
	(7)	
	(8)	
小計(9)～(10)	(9)	(9)～(10)
	(10)	
合計B(6)～(10)		

（B）除算問題

（注意）円未満4捨5入、構成比率はパーセントの小数第2位未満4捨5入

1　¥ 541,836 ÷ 58＝

2　¥ 825,132 ÷ 1,463＝

3　¥ 25,965 ÷ 79.1＝

4　¥ 1,422,769 ÷ 20,039＝

5　¥ 4,016 ÷ 0.0874＝

答えの小計・合計		合計Cに対する構成比率	
小計(1)〜(3)	(1)	(1)〜(3)	
	(2)		
	(3)		
小計(4)〜(5)	(4)	(4)〜(5)	
	(5)		
合計C(1)〜(5)			

（注意）セント未満4捨5入、構成比率はパーセントの小数第2位未満4捨5入

6　€ 9,122.55 ÷ 15＝

7　€ 4.26 ÷ 4.962＝

8　€ 1.44 ÷ 0.65727＝

9　€ 6,965.40 ÷ 380＝

10　€ 36,780.95 ÷ 902.6＝

答えの小計・合計		合計Dに対する構成比率	
小計(6)〜(8)	(6)	(6)〜(8)	
	(7)		
	(8)		
小計(9)〜(10)	(9)	(9)〜(10)	
	(10)		
合計D(6)〜(10)			

（A）乗算得点	（B）除算得点

そろばん	
電卓	

年　　組　　番
名前

56

第 2 級　普通計算部門　(制限時間 A・B・C合わせて30分)

(C) 見 取 算 問 題

(注意) 構成比率はパーセントの小数第2位未満4捨5入

No.	1	2	3	4	5
1	¥ 9,204,630	¥ 16,783	¥ 2,417	¥ 514,406	¥ 41,938
2	6,085,897	9,024	1,305	4,103,572	867,520
3	1,537,042	7,438	48,529	36,287,915	92,316
4	3,649,186	462,557	50,681	956,048	29,074
5	4,720,523	81,960	-7,756	29,831	-518,469
6	5,098,711	3,179	-64,032	780,124	-83,723
7	7,451,268	64,802	90,894	8,692,765	-34,250
8	2,806,935	7,546	5,670	68,293	108,148
9	1,394,076	203,695	3,158	143,650	45,687
10	8,173,254	5,931	85,343	23,070,587	60,379
11		98,653	-27,968	321,749	57,841
12		21,289	-18,207		-439,690
13		4,710	-9,516		-72,952
14		840,145	1,092		50,213
15		6,328	30,234		766,105
16		10,497	6,180		
17		5,072	-4,763		
18			-2,849		
19			73,975		
20			69,421		
計					

答えの	小計	小計(1)〜(3)			小計(4)〜(5)	
	合計	合計 E(1)〜(5)				

合計Eに対する構成比率		(1)	(2)	(3)	(4)	(5)
		(1)〜(3)			(4)〜(5)	

(注意) 構成比率はパーセントの小数第2位未満4捨5入

No.	6	7	8	9	10
	£	£	£	£	£
1	75,901.62	301,854.79	6,140.45	2,519.74	86,027.31
2	428.35	9,722.56	71,238.70	3,473.08	65,914.92
3	2,360.71	63.80	839,064.29	5,991.27	1,875.84
4	17,893.42	452,690.41	5,809.67	6,138.62	-97,150.75
5	9,246.58	75,135.95	-43,573.91	7,684.50	-2,338.56
6	785.10	1,948.16	-324,984.15	8,740.29	46,795.30
7	50,034.93	876.23	16,522.06	4,326.35	73,641.29
8	8,612.04	588,327.01	8,917.60	1,067.16	34,824.08
9	64,579.80	96,291.64	-267,350.83	8,905.41	-5,237.19
10	253.16	382.10	95,427.18	4,536.83	-80,460.95
11	36,724.89	763,409.32		9,654.95	4,216.86
12	9,107.37	25.78		6,312.19	20,179.03
13	1,958.26	970,398.50		3,847.80	
14		4,264.07		9,208.72	
15				5,172.30	
計					

答えの	小計(6)~(8)			小計(9)~(10)	
小計					
合計	合計F(6)~(10)				

合計Fに	(6)	(7)	(8)	(9)	(10)
対する					
構成比率	(6)~(8)			(9)~(10)	

番	組	年

名前

そろばん 電卓

(C) 見取算得点

見取算得点

総得点

58

第2級　ビジネス計算部門（制限時間30分）

（注意）I. 減価償却費・複利の計算については，別紙の数表を用いること。
II. 答えに端数が生じた場合は（　）内の条件によって処理すること。

(1) €218.54は円でいくらか。ただし，€1＝￥129とする。（円未満4捨5入）

答

(2) 元金￥1,630,000を年利率6.5％，1年1期の複利で13年間貸すと，複利終価はいくらか。（円未満4捨5入）

答

(3) 原価￥590,000の商品に原価の35％の利益を見込んで予定売価をつけ，予定売価の8％引きで販売した。実売価はいくらか。

答

(4) 取得価額￥1,740,000　耐用年数31年の固定資産を定額法で減価償却すれば，毎期償却限度額はいくらになるか。ただし，決算は年1回，残存簿価￥1とする。

答

(5) 予定売価￥760,000の商品を￥600,400で販売した。値引額は予定売価の何割何分であったか。

答

(6) 3月21日満期，額面￥9,410,000の約束手形を1月20日に割引率年4.25％で割り引くと，割引料はいくらか。（平年，両端入れ，円未満切り捨て）

答

(7) ￥7,920,000を単利で73日間借り入れ，期日に利息￥38,808を支払った。利率は年何パーセントであったか。パーセントの小数第2位まで求めよ。

答

(8) ある競技場の今月の入場者数は623,100人で，先月の入場者数より3割4分増加した。先月の入場者数は何人であったか。

答_____

(9) 10mにつき$873.40の商品を90m仕入れた。仕入代金は円でいくらか。ただし，$1＝¥114とする。（計算の最終で円未満4捨5入）

答_____

(10) ¥4,610,000を年利率3.72％の単利で貸し付けたところ，期日に利息¥200,074を受け取った。貸付期間は何年何か月間であったか。

答_____

(11) ある商品を10本につき¥8,240で仕入れ，代金¥758,080を支払った。仕入数量は何本であったか。

答_____

(12) 7年後に支払う負債¥3,870,000の複利現価はいくらか。ただし，年利率6％，半年1期の複利とする。（¥100未満切り上げ）

答_____

(13) 元金¥5,260,000を年利率4.39％の単利で5月9日から7月28日まで借りると，期日に支払う元利合計はいくらか。（片落とし，円未満切り捨て）

答_____

(14) ある商品を予定売価の13％引きして¥762,120で販売した。この商品の予定売価はいくらであったか。

答_____

(15) 額面¥5,190,000の手形を，割引率年2.55％で割り引くと，手取金はいくらか。ただし，割引日数は75日とする。（割引料の円未満切り捨て）

答_____

2級問題②

年	組	番	名前

60

(/6) 仲立人が売り主から/.9%，買い主から/.8%の手数料を受け取る約束で
 ¥9,/20,000の商品の売買を仲介した。仲立人が得た手数料の合計額はいくらか。

答_____

(/7) 年利率5.25%の単利で/46日間貸し付け，期日に利息¥/24,740を受け取っ
 た。貸付金はいくらであったか。

答_____

(/8) /米ガロンにつき¥94,600の商品を30L建にするといくらになるか。ただし，
 /米ガロン＝3.785Lとする。(計算の最終で円未満4捨5入)

答_____

(/9) /袋につき¥380の商品を/,270袋仕入れ，諸掛り¥26,400を支払った。この
 商品に諸掛込原価の32%の利益を見込んで販売すると，実売価の総額はいくらか。

答_____

(20) 取得価額¥9,420,000 耐用年数23年の固定資産を定額法で減価償却すると
 き，次の減価償却計算表の第4期末まで記入せよ。ただし，決算は年/回，残存簿
 価¥/とする。

減 価 償 却 計 算 表

期数	期首帳簿価額	償 却 限 度 額	減価償却累計額
/			
2			
3			
4			

年	組	番
名前		

正答数	得　点
(×5)	

2級問題③

公益財団法人　全国商業高等学校協会主催

文　部　科　学　省　後　援

第6回　ビジネス計算実務検定模擬試験　(制限時間　A・B・C合わせて30分)

第 2 級　普 通 計 算 部 門

(A) 乗 算 問 題

(注意)　円未満4捨5入、構成比率はパーセントの小数第2位未満4捨5入

1	¥ 8,573 × 546 =	
2	¥ 24,901 × 207 =	
3	¥ 3,035 × 0.07893 =	
4	¥ 169 × 4,118 =	
5	¥ 680 × 3,926.04 =	

(注意)　セント未満4捨5入、構成比率はパーセントの小数第2位未満4捨5入

6	€ 5.17 × 0.14O2 =	
7	€ 43.96 × 8,329 =	
8	€ 1,227.48 × 9.75 =	
9	€ 9.52 × 67,650 =	
10	€ 708.64 × 53.81 =	

答えの小計・合計

	小計・合計	合計Aに対する構成比率	
小計(1)～(3)	(1)	(1)～(3)	
	(2)		
	(3)		
小計(4)～(5)	(4)	(4)～(5)	
	(5)		
合計A(1)～(5)			

答えの小計・合計

	小計・合計	合計Bに対する構成比率	
小計(6)～(8)	(6)	(6)～(8)	
	(7)		
	(8)		
小計(9)～(10)	(9)	(9)～(10)	
	(10)		
合計B(6)～(10)			

(B) 除 算 問 題

(注意) 円未満4捨5入、構成比率はパーセントの小数第2位未満4捨5入

1	¥ 153,864 ÷ 2,137 =
2	¥ 9,552,113 ÷ 4,063 =
3	¥ 47,949 ÷ 0.82 =
4	¥ 603 ÷ 5.54 =
5	¥ 7,735,680 ÷ 9,480 =

答えの小計・合計	合計Cに対する構成比率	
(1)	(1)	(1)〜(3)
(2)	(2)	
(3)	(3)	
小計(1)〜(3)	(4)	(4)〜(5)
(4)	(5)	
(5)		
小計(4)〜(5)		
合計C(1)〜(5)		

(注意) ペンス未満4捨5入、構成比率はパーセントの小数第2位未満4捨5入

6	£ 54.72 ÷ 70.469 =
7	£ 2,415.60 ÷ 671 =
8	£ 30,002.79 ÷ 302.6 =
9	£ 5.47 ÷ 0.0838 =
10	£ 83,660.85 ÷ 195 =

答えの小計・合計	合計Dに対する構成比率	
(6)	(6)	(6)〜(8)
(7)	(7)	
(8)	(8)	
小計(6)〜(8)	(9)	(9)〜(10)
(9)	(10)	
(10)		
小計(9)〜(10)		
合計D(6)〜(10)		

	そろばん	(A) 乗算得点	(B) 除算得点
	電卓		

年	組 番
名前	

第 2 級　普通計算部門
(C) 見取算問題

（制限時間　A・B・C合わせて30分）

(注意) 構成比率はパーセントの小数第2位未満4捨5入

No.	1	2	3	4	5
1	¥ 4,859,016	¥ 305,417	¥ 92,791	¥ 7,570	¥ 8,142
2	103,872	9,866,723	50,468	483,496	715,690
3	57,982,654	14,895	23,910	3,605,281	4,386
4	3,645,130	-4,029,078	15,256	56,802	9,831
5	770,289	-582,531	49,372	9,138	32,964
6	96,324,761	6,971,362	86,014	740,725	1,053
7	2,718,393	8,730,450	78,129	61,954	-5,728
8	34,069,508	-24,126	19,705	4,317	-603,479
9	6,207,941	-9,618,084	35,837	8,512,065	-7,502
10	842,165	753,743	67,380	228,639	6,211
11		5,192,609	76,594	67,903	-2,308
12			83,209	3,841	467,635
13			40,871	9,301,592	-8,947
14			51,630	2,764	-70,319
15			64,425	194,608	5,096
16			28,543		9,257
17					-2,480
18					-140,975
19					3,821
20					6,584
計					

答えの小計合計	小計(1)~(3)	小計(4)~(5)
	合計E(1)~(5)	

合計Eに対する構成比率	(1)	(2)	(3)	(4)	(5)
	(1)~(3)			(4)~(5)	

(注意) 構成比率はパーセントの小数第2位未満4捨5入

No.	6	7	8	9	10
1	$ 261.73	$ 612,780.59	$ 79,205.64	$ 524,293.28	$ 1,370.95
2	1,098.45	704,345.26	8,574.23	91,678.40	439.62
3	74.92	836,503.71	4,017.06	-3,956.94	74,885.21
4	6,935.60	498,164.13	27,399.15	86,104.71	6,021.87
5	429.18	-254,827.95	1,283.50	745.16	80,746.13
6	30,607.54	147,019.67	93,826.31	-2,039.73	578.69
7	520.89	862,972.40	6,530.78	-490,182.36	3,902.50
8	8,153.21	-550,683.09	4,758.97	1,351.45	92,657.34
9	976.87	-381,369.28	52,941.62	43,023.89	215.08
10	49.05	943,751.02	80,132.59	-15,710.08	7,364.76
11	80.36		1,760.48	698,507.62	820.49
12	15,433.72		9,651.81	865.27	63,418.53
13	7,312.46		45,809.36		9,193.10
14			3,462.70		58,649.82
15					472.01
計					

| 答えの | 小計 | 小計(6)～(8) | | 小計(9)～(10) | |
| | 合計 | 合計F(6)～(10) | | | |

	(6)	(7)	(8)	(9)	(10)
合計Fに対する構成比率	(6)～(8)			(9)～(10)	

そろばん

電卓

(C) 見取算得点

見取算得点

総得点

年　　　組　　　番

名前

第2級　ビジネス計算部門（制限時間30分）

（注意）I. 減価償却費・複利の計算については，別紙の数表を用いること。
　　　　II. 答えに端数が生じた場合は（　）内の条件によって処理すること。

(1) 2,790lbは何キログラムか。ただし，1lb＝0.4536kgとする。
　　（キログラム未満4捨5入）

答_____

(2) 元金¥4,160,000を年利率6％，半年1期の複利で6年間貸すと，複利終価はい
　　くらか。（円未満4捨5入）

答_____

(3) ある商品を¥576,600で販売したところ，原価の24％の利益を得た。この商品
　　の原価はいくらであったか。

答_____

(4) 額面¥6,990,000の約束手形を割引率年2.25％で割り引くと，割引料はいくら
　　か。ただし，割引日数は31日とする。（円未満切り捨て）

答_____

(5) 1ydにつき¥86,300の商品を10m建にするといくらになるか。ただし，
　　1yd＝0.9144mとする。（計算の最終で円未満4捨5入）

答_____

(6) ¥6,170,000を年利率2.38％の単利で3月21日から6月17日まで借りると，
　　期日に支払う元利合計はいくらか。（片落とし，円未満切り捨て）

答_____

(7) ある商品を30個につき¥7,200で仕入れ，代金¥201,600を支払った。仕入数
　　量は何個であったか。

答_____

(8) 取得価額￥5,630,000 耐用年数27年の固定資産を定額法で減価償却すれば, 第13期首帳簿価額はいくらになるか。ただし, 決算は年1回, 残存簿価￥1とする。

答＿＿＿＿＿＿＿＿＿＿＿

(9) ある会社の先月の電力料金は￥285,000で, 今月の電力料金は￥347,700であった。今月の電力料金は先月に比べて何割何分増加したか。

答＿＿＿＿＿＿＿＿＿＿＿

(10) 年利率3.74%の単利で1年3か月間貸し付け, 期日に利息￥309,485を受け取った。貸付金はいくらであったか。

答＿＿＿＿＿＿＿＿＿＿＿

(11) 原価￥515,000の商品を￥710,700で販売した。利益額は原価の何パーセントであったか。

答＿＿＿＿＿＿＿＿＿＿＿

(12) 1mにつき￥1,800の商品を420m仕入れ, 諸掛り￥37,000を支払った。この商品に諸掛込原価の21%の利益を見込んで販売すると, 利益の総額はいくらか。

答＿＿＿＿＿＿＿＿＿＿＿

(13) 9年後に支払う負債￥2,980,000を年利率4.5%, 1年1期の複利で割り引いて, いま支払うとすればその金額はいくらか。(￥100未満切り上げ)

答＿＿＿＿＿＿＿＿＿＿＿

(14) ￥8,520,000を年利率5.36%の単利で貸し付け, 期日に利息￥418,616を支払った。貸付期間は何か月間であったか。

答＿＿＿＿＿＿＿＿＿＿＿

(15) 10kgにつき£40.65の商品を60kg仕入れた。仕入代金は円でいくらか。ただし, £1＝￥149とする。(計算の最終で円未満4捨5入)

答＿＿＿＿＿＿＿＿＿＿＿

2級問題②

年	組	番	名前

(16) 10月11日満期，額面¥7,840,000の手形を，9月1日に割引率年5.15%で
　　割り引くと，手取金はいくらか。（両端入れ，割引料の円未満切り捨て）

答＿＿＿＿＿＿＿＿＿＿＿＿＿＿

(17) ¥5,340,000を単利で219日間借り入れ，期日に利息¥132,966を支払った。
　　利率は年何パーセントであったか。パーセントの小数第2位まで求めよ。

答＿＿＿＿＿＿＿＿＿＿＿＿＿＿

(18) 原価¥390,000の商品に原価の28%の利益を見込んで予定売価をつけ，予定
　　売価の12%引きで販売した。値引額はいくらか。

答＿＿＿＿＿＿＿＿＿＿＿＿＿＿

(19) 仲立人が売り主・買い主双方から2.1%ずつの手数料を受け取る約束で
　　¥9,030,000の商品の売買を仲介した。売り主の手取金はいくらか。

答＿＿＿＿＿＿＿＿＿＿＿＿＿＿

(20) 取得価額¥8,570,000　耐用年数28年の固定資産を定額法で減価償却すると
　　き，次の減価償却計算表の第4期末まで記入せよ。ただし，決算は年1回，残存簿
　　価¥1とする。

減 価 償 却 計 算 表

期数	期首帳簿価額	償 却 限 度 額	減価償却累計額
1			
2			
3			
4			

年	組	番
名前		

正答数	得　点
（×5）	

2級問題③

公益財団法人 全国商業高等学校協会主催

文　部　科　学　省　後　援

第7回 ビジネス計算実務検定模擬試験　(制限時間　A・B・C合わせて30分)

第 2 級　普通計算部門

(A) 乗 算 問 題

(注意) 円未満4捨5入、構成比率はパーセントの小数第2位未満4捨5入

1	¥ 380 × 6,059 =		
2	¥ 6,154 × 2,518 =		
3	¥ 8,727 × 89.7 =		
4	¥ 296 × 330,685 =		
5	¥ 50,431 × 0.0423 =		

答えの小計・合計	合計Aに対する構成比率	
小計(1)～(3)	(1)	(1)～(3)
	(2)	
	(3)	
小計(4)～(5)	(4)	(4)～(5)
	(5)	
合計A(1)～(5)		

(注意) ペンス未満4捨5入、構成比率はパーセントの小数第2位未満4捨5入

6	£ 40.75 × 917.4 =		
7	£ 1.48 × 5,790 =		
8	£ 6,358.19 × 1.02 =		
9	£ 7.62 × 0.24641 =		
10	£ 992.03 × 7,836 =		

答えの小計・合計	合計Bに対する構成比率	
小計(6)～(8)	(6)	(6)～(8)
	(7)	
	(8)	
小計(9)～(10)	(9)	(9)～(10)
	(10)	
合計B(6)～(10)		

（B）除　算　問　題

（注意）円未満4捨5入、構成比率はパーセントの小数第2位未満4捨5入

1	¥	63,812 ÷ 371 =
2	¥	2,321,682 ÷ 2,426 =
3	¥	3,530 ÷ 0.065 =
4	¥	1,005,535 ÷ 150.3 =
5	¥	311,149 ÷ 7,589 =

（注意）セント未満4捨5入、構成比率はパーセントの小数第2位未満4捨5入

6	$	1.65 ÷ 0.807 =
7	$	48,462.30 ÷ 52,110 =
8	$	7,537.04 ÷ 96.32 =
9	$	19,118.22 ÷ 498 =
10	$	6,219.41 ÷ 7.64 =

答えの小計・合計		合計Cに対する構成比率	
小計(1)～(3)	(1)		(1)～(3)
	(2)		
	(3)		
小計(4)～(5)	(4)		(4)～(5)
	(5)		
合計C(1)～(5)			

答えの小計・合計		合計Dに対する構成比率	
小計(6)～(8)	(6)		(6)～(8)
	(7)		
	(8)		
小計(9)～(10)	(9)		(9)～(10)
	(10)		
合計D(6)～(10)			

	そろばん		（A）乗算得点	（B）除算得点
	電卓			

年　　　　組　　　　番

名前

第 2 級　普 通 計 算 部 門

(C) 見 取 算 問 題

(制限時間　A・B・C合わせて30分)

(注意)　構成比率はパーセントの小数第2位未満4捨5入。

No.	1	2	3	4	5
1	¥ 90,316	¥ 59,185,062	¥ 8,203,749	¥ 69,234	¥ 1,398
2	2,578	17,439	63,142,985	78,150	40,723
3	714,640	602,873	-475,812	97,621	5,106
4	8,235	20,951	-9,941,670	53,046	7,954
5	3,769	8,331,526	736,093	19,482	65,280
6	59,801	79,384	32,527,856	40,907	38,645
7	6,127	97,504,710	190,138	74,263	-2,419
8	105,492	53,648	6,572,087	38,514	-89,731
9	7,086	468,193	-54,064,361	62,839	-3,067
10	41,345	96,727	2,958,410	45,798	6,192
11	8,921	3,245,804		20,775	70,359
12	9,653	86,170,942		93,680	25,576
13	224,830	63,215		84,561	-4,693
14	60,794			16,377	-96,015
15	3,567			21,805	3,824
16				52,493	7,402
17					-56,848
18					-12,917
19					8,320
20					47,081
計					

答えの	小計(1)～(3)			小計(4)～(5)	
小計					
合計	合計E(1)～(5)				

	(1)	(2)	(3)	(4)	(5)
合計Eに対する					
構成比率	(1)～(3)			(4)～(5)	

(注意) 構成比率はパーセントの小数第2位未満4捨5入

No.	6	7	8	9	10
	€	€	€	€	€
1	7,803.91	31,269.45	41,586.50	2,078.13	592.67
2	43,260.65	7,053.89	82,109.37	6,259.40	39,085.41
3	8,147.30	54,802.16	96,397.24	3,136.78	68.29
4	35,092.54	-68,761.07	20,423.01	-5,748.96	813,704.53
5	9,719.82	-495.63	57,901.66	91,403.27	2,659.30
6	562,931.17	23,924.78	34,875.19	8,695.02	417.86
7	3,408.46	8,006.91	70,231.82	-4,520.58	10,243.75
8	19,523.79	35,171.20	64,768.95	-2,883.61	7,328.16
9	6,754.28	-72,840.52	49,027.56	1,964.25	298,931.08
10	270,186.03	9,317.34	15,354.38	-37,187.39	5,160.44
11	4,615.90	638.25		-9,342.14	856.97
12	96,852.74	-13,589.46		5,019.70	674.51
13		-9,145.70		7,460.56	910,425.83
14		82,760.49			70.68
15					4,307.92
計					

答えの小計	小計(6)～(8)		小計(9)～(10)	
合計	合計F(6)～(10)			

	(6)	(7)	(8)	(9)	(10)
合計Fに対する構成比率	(6)～(8)			(9)～(10)	

そろばん		(C) 見取算得点	見取算得点	総 得 点
電卓				

年	組	番		名前

74

第2級 ビジネス計算部門 (制限時間30分)

(注意) I. 減価償却費・複利の計算については，別紙の数表を用いること。
　　　　II. 答えに端数が生じた場合は（　）内の条件によって処理すること。

(1) $473.89は円でいくらか。ただし，$1＝¥117とする。（円未満4捨5入）

答＿＿＿＿＿＿＿＿＿＿

(2) 元金¥3,970,000を年利率4.63％の単利で86日間借り入れると，期日に支払う利息はいくらか。（円未満切り捨て）

答＿＿＿＿＿＿＿＿＿＿

(3) ある商品を20枚につき¥3,680で仕入れ，仕入代金として¥581,440を支払った。仕入数量は何枚であったか。

答＿＿＿＿＿＿＿＿＿＿

(4) 元金¥6,740,000を年利率2.5％，1年1期の複利で10年間貸すと，複利終価はいくらか。（円未満4捨5入）

答＿＿＿＿＿＿＿＿＿＿

(5) 原価¥830,000の商品を¥937,900で販売した。利益額は原価の何割何分であったか。

答＿＿＿＿＿＿＿＿＿＿

(6) 取得価額¥1,890,000　耐用年数19年の固定資産を定額法で減価償却すれば，第9期末減価償却累計額はいくらになるか。ただし，決算は年1回，残存簿価¥1とする。

答＿＿＿＿＿＿＿＿＿＿

(7) 1lbにつき¥37,400の商品を30kg建にするといくらか。ただし，1lb＝0.4536kgとする。（計算の最終で円未満4捨5入）

答＿＿＿＿＿＿＿＿＿＿

(8) 5月10日満期，額面￥7,160,000の約束手形を2月18日に割引率年4.85%で
　　割り引くと，手取金はいくらか。（うるう年，両端入れ，割引料の円未満切り捨て）

答_____

(9) ある商品の先月の契約台数は539,000台で，今月の契約台数は先月より24%
　　増加した。今月の契約台数は何台か。

答_____

(10) ￥2,760,000を単利で1年4か月間借り入れ，期日に利息￥82,800を支払っ
　　た。利率は年何パーセントであったか。パーセントの小数第2位まで求めよ。

答_____

(11) 額面￥6,620,000の手形を割引率年2.75%で割り引くと，割引料はいくらか。
　　ただし，割引日数は63日とする。（円未満切り捨て）

答_____

(12) 10Lにつき€72.81の商品を980L仕入れた。仕入代金は円でいくらか。
　　ただし，€1=￥123とする。（計算の最終で円未満4捨5入）

答_____

(13) 年利率5.44%の単利で73日間貸し付け，期日に利息￥107,168を受け取った。
　　貸付金はいくらであったか。

答_____

(14) 原価￥230,000の商品に原価の3割2分の利益を見込んで予定売価をつけ，予
　　定売価の5%引きで販売した。実売価はいくらか。

答_____

(15) 6年後に支払う負債￥6,430,000を年利率7%，半年1期の複利で割り引いて，
　　いま支払うとすればその金額はいくらか。（￥100未満切り上げ）

答_____

2級問題②

年	組	番	名前

(16) ある商品を¥442,880で販売したところ，原価の28%の利益を得た。この商品の原価はいくらであったか。

答_____

(17) 元金¥1,870,000を年利率1.74%の単利で7月4日から9月11日まで借りると，期日に支払う元利合計はいくらか。（片落とし，円未満切り捨て）

答_____

(18) 仲立人が売り主・買い主双方から2.7%ずつの手数料を受け取る約束で¥8,320,000の商品の売買を仲介した。買い主の支払総額はいくらか。

答_____

(19) 1kgにつき¥9,670の商品を620kg仕入れ，諸掛り¥21,600を支払った。この商品に諸掛込原価の18%の利益を見込んで販売すると，実売価の総額はいくらか。

答_____

(20) 取得価額¥7,360,000　耐用年数22年の固定資産を定額法で減価償却するとき，次の減価償却計算表の第4期末まで記入せよ。ただし，決算は年1回，残存簿価¥1とする。

減 価 償 却 計 算 表

期数	期首帳簿価額	償 却 限 度 額	減価償却累計額
1			
2			
3			
4			

年	組	番
名前		

正答数	得　点
（×5）	

2級問題③

第8回　ビジネス計算実務検定模擬試験

第 2 級　普通計算部門　(制限時間　A・B・C合わせて30分)

(A) 乗 算 問 題

（注意）円未満4捨5入、構成比率はパーセントの小数第2位未満4捨5入

1	¥ 5,726 × 958 =	
2	¥ 183 × 568.22 =	
3	¥ 910 × 3,147 =	
4	¥ 204,849 × 293 =	
5	¥ 7,634 × 0.04501 =	

答えの小計・合計	合計Aに対する構成比率	
小計(1)～(3)	(1)	(1)～(3)
	(2)	
	(3)	
小計(4)～(5)	(4)	(4)～(5)
	(5)	
合計A(1)～(5)		

（注意）セント未満4捨5入、構成比率はパーセントの小数第2位未満4捨5入

6	$ 890.75 × 78.6 =	
7	$ 662.97 × 6,194 =	
8	$ 15.32 × 0.469 =	
9	$ 4.08 × 1,373.05 =	
10	$ 3.51 × 80,270 =	

答えの小計・合計	合計Bに対する構成比率	
小計(6)～(8)	(6)	(6)～(8)
	(7)	
	(8)	
小計(9)～(10)	(9)	(9)～(10)
	(10)	
合計B(6)～(10)		

(B) 除算問題

(注意) 円未満4捨5入、構成比率はパーセントの小数第2位未満4捨5入

1	¥ 704,352 ÷ 957 =
2	¥ 919,415 ÷ 3,815 =
3	¥ 3,783 ÷ 0.76 =
4	¥ 2,401 ÷ 44.203 =
5	¥ 4,522,740 ÷ 129 =

答えの小計・合計		合計Cに対する構成比率	
小計(1)～(3)	(1)		(1)～(3)
	(2)		
	(3)		
小計(4)～(5)	(4)		(4)～(5)
	(5)		
合計C(1)～(5)			

(注意) セント未満4捨5入、構成比率はパーセントの小数第2位未満4捨5入

6	€ 5,425.62 ÷ 5,834 =
7	€ 81.56 ÷ 0.092 =
8	€ 389,015.90 ÷ 6,370 =
9	€ 46.23 ÷ 2.68 =
10	€ 3,278.11 ÷ 801.91 =

答えの小計・合計		合計Dに対する構成比率	
小計(6)～(8)	(6)		(6)～(8)
	(7)		
	(8)		
小計(9)～(10)	(9)		(9)～(10)
	(10)		
合計D(6)～(10)			

(A) 乗算得点	(B) 除算得点

そろばん	
電卓	

年	組	番
名前		

第 2 級　普通計算部門　（制限時間　A・B・C合わせて30分）

(C)　見　取　算　問　題

(注意)　構成比率はパーセントの小数第2位未満4捨5入

No.	1	2	3	4	5
1	¥66,045	¥42,598	¥3,270	¥7,302,391	¥264,379
2	891,237	3,007,164	68,159	1,274,586	48,520
3	47,501	51,765,382	7,843	4,650,723	1,096
4	20,369	839,247	52,906	9,495,168	2,753
5	154,873	26,850	-4,518	6,077,832	9,359,167
6	72,190	4,973	-86,092	3,841,057	-5,236
7	39,658	7,563,101	-9,725	7,629,806	-88,142
8	95,714	620,580	36,387	8,905,975	637,401
9	513,802	3,419	2,461	5,742,114	76,928
10	87,946	78,628	13,504	2,896,340	-1,805
11	28,183	12,964,035	98,216		-5,430,617
12	406,420	91,746	-5,478		3,492
13	52,679		-40,952		7,080
14	61,085		1,733		-903,254
15	374,931		25,607		68,719
16			3,149		4,158
17			-72,081		
18			-8,934		
19			41,690		
20			7,065		
計					

答えの	小計	小計(1)~(3)			小計(4)~(5)	
	合計	合計E(1)~(5)				

合計Eに	(1)	(2)	(3)	(4)	(5)
対する 構成比率	(1)~(3)			(4)~(5)	

(注意) 構成比率はパーセントの小数第2位未満4捨5入

No.	6 £	7 £	8 £	9 £	10 £
1	83.12	503,902.76	29,260.37	1,820.64	944.23
2	694.07	984,561.48	3,428.51	43,049.12	7,189.50
3	29,301.85	438,193.60	867,104.69	39,770.56	13,207.63
4	35.64	-675,780.91	48,243.15	6,251.98	-468.37
5	1,528.70	792,107.34	1,755.06	85,367.43	-5,823.09
6	57.99	305,315.62	659,019.78	54,635.21	38,640.72
7	846.23	240,894.27	94,326.30	7,904.85	257.54
8	71.36	-165,223.85	2,791.86	98,128.30	1,031.96
9	68,012.58	-549,074.13	470,938.92	65,715.09	-372.45
10	759.61	816,728.69	5,071.40	2,096.26	47,890.81
11	43.47		36,854.18	93,702.84	69,765.10
12	1,068.20		793,587.24	58,973.17	2,016.38
13	24.98		1,602.53		-451.29
14	970.34				-87,586.15
15					6,405.92
計					

答えの	小計	小計(6)〜(8)		小計(9)〜(10)	
	合計	合計F(6)〜(10)			

	(6)	(7)	(8)	(9)	(10)
合計Fに対する構成比率	(6)〜(8)			(9)〜(10)	

	そろばん	電卓	(C) 見取算得点	見取算得点	総 得 点

年　　　　組　　　　番

名前

第 2 級　ビジネス計算部門 (制限時間30分)

(注意) I. 減価償却費・複利の計算については，別紙の数表を用いること。
　　　　II. 答えに端数が生じた場合は（　）内の条件によって処理すること。

(/) 額面¥3,5/0,000の約束手形を，割引率年2.35％で割り引くと，割引料はいく
　　らか。ただし，割引日数は62日とする。（円未満切り捨て）

答_____

(2) ある商品を予定売価の/6％引きして¥7/4,000で販売した。予定売価はいくら
　　であったか。

答_____

(3) ¥2,/90,000を単利で46日間貸し付け，期日に利息¥9,246を受け取った。
　　利率は年何パーセントであったか。パーセントの小数第2位まで求めよ。

答_____

(4) //年後に支払う負債¥8,940,000の複利現価はいくらか。ただし，年利率2％，
　　/年/期の複利とする。（¥/00未満切り上げ）

答_____

(5) 原価¥260,000の商品に原価の37％の利益を見込んで予定売価をつけ，予定売
　　価の/4％引きで販売した。値引額はいくらか。

答_____

(6) 取得価額¥9,350,000　耐用年数32年の固定資産を定額法で減価償却すれば，
　　第/2期首帳簿価額はいくらになるか。ただし，決算は年/回，残存簿価¥/とする。

答_____

(7) 元金¥5,480,000を年利率5.2/％の単利で/2月/6日から翌年3月/0日まで借
　　り入れると，期日に支払う元利合計はいくらか。
　　（平年，片落とし，円未満切り捨て）

答_____

2級問題①

【裏面につづく】

(8) 1ydにつき¥87,900の商品を10m建にするといくらになるか。ただし，
　　1yd＝0.9144mとする。（計算の最終で円未満4捨5入）

答_____

(9) 予定売価¥432,000の商品を¥285,120で販売した。値引額は予定売価の何割
　　何分であったか。

答_____

(10) ある製品の先月の生産数量は758,000個で，今月の生産数量は先月に比べて
　　26％減少した。今月の生産数量は何個であったか。

答_____

(11) ¥6,720,000を年利率2.94％の単利で貸し付け，期日に利息¥214,032を
　　受け取った。貸付期間は何年何か月間であったか。

答_____

(12) 8月15日満期，額面¥9,730,000の手形を6月1日に割引率年5.25％で割り
　　引くと，手取金はいくらか。（両端入れ，割引料の円未満切り捨て）

答_____

(13) 30台につき¥30,600の商品を仕入れ，仕入代金¥734,400を支払った。仕入
　　台数は何台であったか。

答_____

(14) 元金¥1,280,000を年利率7％，半年1期の複利で6年間貸すと，複利利息は
　　いくらか。（円未満4捨5入）

答_____

(15) 10mにつき£92.84の商品を560m仕入れた。仕入代金は円でいくらか。
　　ただし，£1＝¥169とする。（計算の最終で円未満4捨5入）

答_____

2級問題②

年	組	番	名前

(16) 4,260lbは何キログラムか。ただし, 1lb＝0.4536kgとする。

（キログラム未満4捨5入）

答_____

(17) 1個につき¥2,820の商品を610個仕入れ, 諸掛り¥15,800を支払った。この
商品に諸掛込原価の33%の利益を見込んで販売すると, 実売価の総額はいくらか。

答_____

(18) 仲立人が売り主から3.2%・買い主から3.1%の手数料を受け取る約束で
¥6,410,000の商品の売買を仲介した。仲立人の得た手数料の合計額はいくらか。

答_____

(19) 年利率1.58%の単利で146日間借り入れ, 期日に利息¥58,460を支払った。
借入金はいくらであったか。

答_____

(20) 取得価額¥6,920,000　耐用年数25年の固定資産を定額法で減価償却すると
き, 次の減価償却計算表の第4期末まで記入せよ。ただし, 決算は年1回, 残存簿
価¥1とする。

減 価 償 却 計 算 表

期数	期首帳簿価額	償却限度額	減価償却累計額
1			
2			
3			
4			

年	組	番
名前		

正答数	得　点
（×5)	

公益財団法人　全国商業高等学校協会主催

文　部　科　学　省　後　援

第 9 回　ビジネス計算実務検定模擬試験

（制限時間　A・B・C合わせて30分）

第 2 級　普通計算部門

(A) 乗算問題

（注意）円未満4捨5入、構成比率はパーセントの小数第2位未満4捨5入

		答えの小計・合計	合計Aに対する構成比率	
1	￥ 1,092 × 846 =	小計(1)～(3)	(1)	(1)～(3)
2	￥ 6,249 × 595.1 =		(2)	
3	￥ 885 × 0.02063 =		(3)	
4	￥ 78,053 × 319 =	小計(4)～(5)	(4)	(4)～(5)
5	￥ 430 × 740,298 =		(5)	
		合計A(1)～(5)		

（注意）セント未満4捨5入、構成比率はパーセントの小数第2位未満4捨5入

		答えの小計・合計	合計Bに対する構成比率	
6	€ 5.28 × 67.75 =	小計(6)～(8)	(6)	(6)～(8)
7	€ 1,416.07 × 0.482 =		(7)	
8	€ 2.56 × 90,834 =		(8)	
9	€ 39.74 × 13,650 =	小計(9)～(10)	(9)	(9)～(10)
10	€ 937.61 × 2.17 =		(10)	
		合計B(6)～(10)		

（B）除算問題

(注意) 円未満4捨5入、構成比率はパーセントの小数第2位未満4捨5入

1	¥	534,127 ÷ 823 =
2	¥	93,939 ÷ 2,190.5 =
3	¥	277,770 ÷ 47 =
4	¥	5,534 ÷ 0.686 =
5	¥	22,223,320 ÷ 9,730 =

答えの小計・合計	合計Cに対する構成比率	
小計(1)～(3)	(1)	(1)～(3)
	(2)	
	(3)	
小計(4)～(5)	(4)	(4)～(5)
	(5)	
合計C(1)～(5)		

(注意) ペンス未満4捨5入、構成比率はパーセントの小数第2位未満4捨5入

6	£	812.64 ÷ 5,079 =
7	£	1,291.05 ÷ 1.8 =
8	£	32,139.37 ÷ 89.2 =
9	£	13,684.32 ÷ 3,354 =
10	£	0.71 ÷ 0.074561 =

答えの小計・合計	合計Dに対する構成比率	
小計(6)～(8)	(6)	(6)～(8)
	(7)	
	(8)	
小計(9)～(10)	(9)	(9)～(10)
	(10)	
合計D(6)～(10)		

	(A) 乗算得点	（B）除算得点
そろばん		
電卓		

年 組 番
名前

88

第 2 級　普通計算部門　（制限時間　A・B・C合わせて30分）
（C）見取算問題

(注意) 構成比率はパーセントの小数第2位未満4捨5入

No.	1	2	3	4	5
1	¥61,075	¥3,948	¥92,984,501	¥27,037	¥469,512
2	734,928	4,152	8,072,136	1,689	3,176,380
3	25,160	5,876	-495,623	865,741	-7,159
4	509,389	7,403	6,520,819	48,392	-85,041
5	86,791	6,295	39,618,347	9,104	20,248,936
6	90,432	8,810	754,073	13,426	50,794
7	478,217	2,069	-1,431,255	352,970	423,408
8	53,546	1,783	-63,097,482	76,243	8,731,645
9	319,801	6,427	578,960	4,058	97,590,332
10	72,650	9,631	2,816,704	30,199	6,258
11	97,124	5,302		793,506	12,907
12	244,568	9,570		51,732	-609,823
13	13,083	7,236		2,864	-58,913,571
14		6,914		945,320	-2,786,146
15		8,061		60,185	7,360
16		2,543		87,856	
17		3,717			
18		4,580			
19		1,092			
20		5,189			
計					

答えの小計合計

小計(1)～(3)

合計E(1)～(5)

小計(4)～(5)

(1)	(2)	(3)	(4)	(5)

合計Eに対する構成比率

(1)～(3)

(4)～(5)

(注意) 構成比率はパーセントの小数第2位未満4捨5入

No.	6	7	8	9	10
1	$ 562,190.84	$ 2,461.70	$ 85,271.63	$ 781.49	$ 1,397.66
2	604,851.37	95.83	23,894.70	5,032.65	38,401.24
3	329,674.28	53,720.16	46,480.51	98,627.30	67,569.02
4	711,026.93	687.92	362,045.89	795.24	5,983.10
5	259,435.76	-14.07	917,536.02	846.71	-725.49
6	138,758.09	-8,973.25	74,968.41	4,370.53	-28,602.37
7	820,364.12	459.31	90,132.14	69,422.87	978.51
8	497,240.67	30,548.69	239,500.96	510.38	1,416.83
9	573,981.50	7,702.18	107,689.35	3,658.16	9,230.75
10	906,563.41	26.40	31,870.62	109.05	-42,153.96
11		-691.54	519,257.28	263.91	824.09
12		-41,089.62	654,738.17	1,804.20	745.71
13		38.35		82,937.46	-4,086.32
14				479.12	-657.80
15					53,019.48
計					

| 答えの | 小計 | 小計(6)〜(8) | | | 小計(9)〜(10) | |
| | 合計 | 合計F(6)〜(10) | | | | |

	(6)	(7)	(8)	(9)	(10)
合計Fに対する					
構成比率	(6)〜(8)			(9)〜(10)	

そろばん

電卓

(C) 見取算得点

見取算得点

総得点

年　　組　　番

名前

第2級　ビジネス計算部門 （制限時間30分）

(注意) I. 減価償却費・複利の計算については，別紙の数表を用いること。
　　　 II. 答えに端数が生じた場合は（　）内の条件によって処理すること。

(1) 9,030mは何ヤードか。ただし，1yd＝0.9144mとする。（ヤード未満4捨5入）

答

(2) ¥1,930,000を年利率3.13％の単利で12月25日から翌年3月18日まで借りた。期日に支払う利息はいくらか。（平年，片落とし，円未満切り捨て）

答

(3) 額面¥8,740,000の約束手形を，割引率年3.95％で割り引くと，割引料はいくらか。ただし，割引日数は78日とする。（円未満切り捨て）

答

(4) 原価¥323,000の商品に，¥64,000の利益を見込んで予定売価をつけ，予定売価の15％引きで販売した。値引額はいくらか。

答

(5) 4年6か月後に支払う負債¥7,680,000を年利率4％，半年1期の複利で割り引いて，いま支払うとすれば，その金額はいくらか。（¥100未満切り上げ）

答

(6) 10kgにつき$7.50の商品を5,700kg仕入れた。仕入代金は円でいくらか。ただし，$1＝¥110.70とする。（計算の最終で円未満4捨5入）

答

(7) 年利率2.19％の単利で8月15日から10月9日まで貸し付け，期日に利息¥12,573を受け取った。貸付金はいくらであったか。（片落とし）

答

(8) ある商品を￥987,690で販売したところ，原価の2割3分の利益を得た。この
　　商品の原価はいくらであったか。

答_____

(9) 取得価額￥6,180,000　耐用年数24年の固定資産を定額法で減価償却すれば，
　　第12期末減価償却累計額はいくらになるか。ただし，決算は年1回，残存簿価
　　￥1とする。

答_____

(10) 1米ガロンにつき￥18,400の商品を20L建にするといくらになるか。ただし，
　　1米ガロン＝3.785Lとする。（計算の最終で円未満4捨5入）

答_____

(11) 元金￥2,420,000を年利率1.37％の単利で，10か月間貸し付けた。期日に
　　受け取る元利合計はいくらか。（円未満切り捨て）

答_____

(12) 6月7日満期，額面￥6,380,000の手形を3月12日に割引率年2.75％で割り
　　引くと，手取金はいくらか。（両端入れ，割引料の円未満切り捨て）

答_____

(13) ある商品を30個につき￥5,700で仕入れ，仕入代金￥148,200を支払った。
　　仕入数量は何個であったか。

答_____

(14) ￥3,280,000を単利で1年3か月間貸し付け，期日に利息￥68,880を受け
　　取った。利率は年何パーセントであったか。パーセントの小数第2位まで求めよ。

答_____

(15) ある金額の18％が￥86,400であった。ある金額の18％増しはいくらであっ
　　たか。

答_____

2級問題②

年	組	番	名前

92

(16) 元金¥2,760,000を年利率3.5%, 1年1期の複利で11年間貸すと, 複利終価
はいくらか。（円未満4捨5入）

答

(17) 原価¥610,000の商品を¥799,100で販売した。利益額は原価の何割何分で
あったか。

答

(18) 仲立人が売り主・買い主双方から2.4%ずつの手数料を受け取る約束で
¥4,720,000の商品の売買を仲介した。売り主の手取金はいくらか。

答

(19) 1ダースにつき¥520の商品を1,280ダース仕入れ, 諸掛り¥12,400支払った。
この商品に諸掛込原価の29%の利益を見込んで販売すると, 実売価の総額はいく
らか。

答

(20) 取得価額¥9,790,000 耐用年数18年の固定資産を定額法で減価償却すると
き, 次の減価償却計算表の第4期末まで記入せよ。ただし, 決算は年1回, 残存簿
価¥1とする。

減 価 償 却 計 算 表

期数	期首帳簿価額	償 却 限 度 額	減価償却累計額
1			
2			
3			
4			

年	組	番
名前		

正答数	得 点
	(×5)

2級問題③

公益財団法人 全国商業高等学校協会主催
文 部 科 学 省 後 援
第10回 ビジネス計算実務検定模擬試験 (制限時間 A・B・C合わせて30分)

第 2 級 普 通 計 算 問 題

(A) 乗 算 問 題

(注意) 円未満4捨5入、構成比率はパーセントの小数第2位未満4捨5入

1	¥ 8,583 × 896 =	
2	¥ 651 × 508.2 =	
3	¥ 3,264 × 4,815 =	
4	¥ 980 × 66,023 =	
5	¥ 705,312 × 0.749 =	

(注意) ペンス未満4捨5入、構成比率はパーセントの小数第2位未満4捨5入

6	£ 20.75 × 13.4 =	
7	£ 914.27 × 0.09768 =	
8	£ 406.38 × 371 =	
9	£ 1.99 × 2,521.7 =	
10	£ 5.46 × 790,430 =	

答えの小計・合計		合計Aに対する構成比率	
小計(1)～(3)	(1)	(1)～(3)	
	(2)		
	(3)		
小計(4)～(5)	(4)	(4)～(5)	
	(5)		
合計 A(1)～(5)			

答えの小計・合計		合計Bに対する構成比率	
小計(6)～(8)	(6)	(6)～(8)	
	(7)		
	(8)		
小計(9)～(10)	(9)	(9)～(10)	
	(10)		
合計 B(6)～(10)			

（B）除　算　問　題

（注意）円未満4捨5入、構成比率はパーセントの小数第2位未満4捨5入

		答えの小計・合計	合計Cに対する構成比率	
1	¥ 3,826,372 ÷ 437 =	小計(1)〜(3)	(1)	(1)〜(3)
2	¥ 7,208 ÷ 5.1 =		(2)	
3	¥ 523 ÷ 0.802224 =		(3)	
4	¥ 1,696,920 ÷ 1,790 =	小計(4)〜(5)	(4)	(4)〜(5)
5	¥ 211,047 ÷ 683 =	合計C(1)〜(5)	(5)	

（注意）セント未満4捨5入、構成比率はパーセントの小数第2位未満4捨5入

		答えの小計・合計	合計Dに対する構成比率	
6	$ 12,893.444 ÷ 254.6 =	小計(6)〜(8)	(6)	(6)〜(8)
7	$ 511.56 ÷ 71.05 =		(7)	
8	$ 4.83 ÷ 0.0969 =		(8)	
9	$ 72,998.64 ÷ 312 =	小計(9)〜(10)	(9)	(9)〜(10)
10	$ 4,923.18 ÷ 6,078 =	合計D(6)〜(10)	(10)	

（A）乗算得点	（B）除算得点

そろばん	
電卓	

年　　　組　　　番	
名前	

96

第 2 級　普 通 計 算 部 門　(制限時間　A・B・C合わせて30分)

(C) 見 取 算 問 題

(注意) 構成比率はパーセントの小数第2位未満4捨5入

No.	1	2	3	4	5
1	￥52,961,704	￥8,340	￥239,087	￥7,193	￥15,846
2	102,538	951,276	58,314	3,482	479,230
3	3,689,471	73,054	8,640,796	9,570	37,618
4	88,437,269	5,811	-6,203	2,364	-68,097
5	216,350	61,480,629	-417,159	5,608	954,125
6	420,197	2,503	7,825,430	4,941	71,369
7	76,065,985	9,204,187	12,891	8,016	30,082
8	1,574,813	3,798	-9,351,675	6,527	26,701
9	67,349,324	17,465	-260,950	7,839	-810,534
10	928,056	8,532	3,468	1,245	-57,359
11		42,139,759	694,522	8,790	62,863
12		564,363	1,073,849	6,318	91,427
13		2,086		5,974	-103,906
14		6,910		2,153	-87,470
15		7,890,472		1,406	-95,283
16				6,720	586,492
17				9,902	43,145
18				4,281	
19				7,035	
20				3,268	
計					

答えの　小計　小計(1)～(3)　　　　　　　小計(4)～(5)

合計　合計E(1)～(5)

(1)	(2)	(3)	(4)	(5)

合計Eに　(1)～(3)　　　　　(4)～(5)
対する
構成比率

97

(注意) 構成比率はパーセントの小数第2位未満4捨5入

No.	6	7	8	9	10
1	€ 6,129.59	€ 360,519.62	€ 71,803.25	€ 956,710.48	€ 4,627.31
2	54,038.71	91,264.78	3,579.46	728,339.60	965,182.05
3	756.92	824,850.13	21.09	593,064.14	794.86
4	1,463.08	-2,943.27	638,285.91	401,897.02	-13,450.93
5	802.47	-416,687.09	1,650.83	639,275.30	-372,901.52
6	3,674.15	57,395.31	42,347.62	198,459.25	6,817.78
7	20,981.60	13,021.84	93.17	812,386.79	561,063.24
8	497.23	745,176.98	602.70	307,542.91	784.19
9	9,375.86	-3,708.52	7,814.49	860,461.56	-232,076.45
10	550.42	-936,249.05	85,469.50	258,214.73	80,498.60
11	17,918.37	65,780.40	56.34		431,590.72
12	206.84		402,938.75		-6,235.89
13			371.28		810,349.57
14			1,940.96		
15			57,265.81		
計					

答えの
小計 小計(6)～(8)
合計 合計F(6)～(10)

小計(9)～(10)

(6)	(7)	(8)	(9)	(10)

合計Fに
対する
構成比率

(6)～(8)

(9)～(10)

年　　　　組　　　　番

名前

(C) 見取算

そろばん

電卓

見取算得点

総得点

第2級　ビジネス計算部門 (制限時間30分)

(注意) I. 減価償却費・複利の計算については，別紙の数表を用いること。

II. 答えに端数が生じた場合は (　) 内の条件によって処理すること。

(1) ある商品を¥699,740で販売したところ，原価の18%の利益を得た。この商品の原価はいくらか。

答_____

(2) 額面¥7,570,000の約束手形を，割引率年3.45%で割り引くと，手取金はいくらか。ただし，割引日数は51日とする。(割引料の円未満切り捨て)

答_____

(3) 1kgにつき¥820の商品を450kg仕入れ，諸掛り¥19,000を支払った。この商品に諸掛込原価の31%の利益を見込んで販売すると，実売価の総額はいくらか。

答_____

(4) ¥8,850,000を年利率2.63%の単利で7か月間貸し付けた。期日に受け取る利息はいくらか。(円未満切り捨て)

答_____

(5) ¥4,450,000を年利率5%，半年1期の複利で6年6か月間貸し付けると，複利終価はいくらか。(円未満4捨5入)

答_____

(6) 1個につき£5.60の商品を340個仕入れた。支払代金は円でいくらか。ただし，£1=¥158.90とする。(計算の最終で円未満4捨5入)

答_____

(7) 取得価額¥9,270,000　耐用年数21年の固定資産を定額法で減価償却すれば，第13期首帳簿価額はいくらになるか。ただし，決算は年1回，残存簿価¥1とする。

答_____

2級問題①

【裏面につづく】

(8) 原価¥104,000の商品に¥26,000の利益をみて予定売価をつけ，予定売価の15%引きで販売した。値引額はいくらか。

答_____

(9) 年利率3.05%の単利で5月10日から7月22日まで借り入れ，期日に利息¥29,402を支払った。借入金はいくらであったか。（片落とし）

答_____

(10) ある商品を10Lにつき¥6,400で仕入れ，仕入代金¥179,200を支払った。仕入数量は何リットルであったか。

答_____

(11) 9年後に支払う負債¥3,580,000を年利率4%，1年1期の複利で割り引いて，いま支払うとすれば，その金額はいくらか。（¥100未満切り上げ）

答_____

(12) 原価¥430,000の商品に¥192,000の利益を見込んで予定売価をつけ，予定売価の9掛で販売した。実売価はいくらであったか。

答_____

(13) 元金¥7,160,000を年利率3.62%の単利で11月6日から翌年1月23日まで借りると，元利合計はいくらか。（片落とし，円未満切り捨て）

答_____

(14) ある会社の先月の電気料金は¥397,000で，今月の電気料金は¥468,460であった。今月の電気料金は先月に比べて何パーセント増加したか。

答_____

(15) ¥98,000は何ドル何セントか。ただし，$1＝¥107とする。
（セント未満4捨5入）

答_____

2級問題②

年	組	番	名前

(16) 6月3日満期，額面¥1,390,000の手形を3月12日に割引率年4.25%で割り
引くと，割引料はいくらか。（両端入れ，円未満切り捨て）

答_____

(17) ¥5,840,000を年利率4.15%の単利で借り入れ，期日に利息¥43,160を
支払った。借入期間は何日間であったか。

答_____

(18) 原価¥184,000の商品を¥242,880で販売した。利益額は原価の何割何分で
あったか。

答_____

(19) 仲立人が売り主・買い主双方から2.8%ずつの手数料を受け取る約束で
¥8,620,000の商品の売買を仲介した。買い主の支払総額はいくらか。

答_____

(20) 取得価額¥6,490,000　耐用年数16年の固定資産を定額法で減価償却すると
き，次の減価償却計算表の第4期末まで記入せよ。ただし，決算は年1回，残存簿
価¥1とする。

減 価 償 却 計 算 表

期数	期首帳簿価額	償 却 限 度 額	減価償却累計額
1			
2			
3			
4			

年	組	番
名前		

正答数	得　点
（×5）	

2級問題③

公益財団法人 全国商業高等学校協会主催
文 部 科 学 省 後 援

第146回 ビジネス計算実務検定試験

第2級 普通計算部門 (制限時間A・B・C合わせて30分)

(A) 乗算問題

(注意) 円未満4捨5入、構成比率はパーセントの小数第2位未満4捨5入

(1)	¥	5,240 × 763 =
(2)	¥	3,096 × 0.02978 =
(3)	¥	837 × 8,014 =
(4)	¥	169 × 904,461 =
(5)	¥	71,512 × 3.57 =

答えの小計・合計	合計Aに対する構成比率	
小計(1)~(3)	(1)	(1)~(3)
	(2)	
	(3)	
小計(4)~(5)	(4)	(4)~(5)
	(5)	
合計A(1)~(5)		

(注意) セント未満4捨5入、構成比率はパーセントの小数第2位未満4捨5入

(6)	$	4.23 × 60,259 =
(7)	$	9.48 × 82.75 =
(8)	$	36.81 × 1,393.2 =
(9)	$	208.95 × 410 =
(10)	$	6,507.74 × 0.586 =

答えの小計・合計	合計Bに対する構成比率	
小計(6)~(8)	(6)	(6)~(8)
	(7)	
	(8)	
小計(9)~(10)	(9)	(9)~(10)
	(10)	
合計B(6)~(10)		

103

（B）除算問題

（注意）円未満4捨5入、構成比率はパーセントの小数第2位未満4捨5入

（1）	￥ 459,900 ÷ 84 =
（2）	￥ 969,030 ÷ 2,619 =
（3）	￥ 1,446 ÷ 3.46 =
（4）	￥ 62,376 ÷ 0.672 =
（5）	￥ 3,773,763 ÷ 59,901 =

答えの小計・合計		合計Cに対する構成比率	
小計(1)～(3)	(1)	(1)～(3)	
	(2)		
	(3)		
小計(4)～(5)	(4)	(4)～(5)	
	(5)		
合計C(1)～(5)			

（注意）ペンス未満4捨5入、構成比率はパーセントの小数第2位未満4捨5入

（6）	£ 2,169.20 ÷ 7,480 =
（7）	£ 51,885.36 ÷ 50,868 =
（8）	£ 3,750.61 ÷ 40.3 =
（9）	£ 82.97 ÷ 0.097 =
（10）	£ 9,492.30 ÷ 132.5 =

答えの小計・合計		合計Dに対する構成比率	
小計(6)～(8)	(6)	(6)～(8)	
	(7)		
	(8)		
小計(9)～(10)	(9)	(9)～(10)	
	(10)		
合計D(6)～(10)			

第2級　普通計算部門 (制限時間 A・B・C 合わせて30分)

(C) 見取算問題

(注意) 構成比率はパーセントの小数第2位未満4捨5入

No.	(1)	(2)	(3)	(4)	(5)
1	¥157,689	¥80,326	¥3,528,770	¥29,504	¥5,967
2	709,563	448,293	103,902	61,926	37,136
3	8,247,384	210,174	−34,235	83,158	1,298
4	35,468,028	196,318	5,857	47,840	−8,705
5	9,851,906	875,470	7,148	52,679	−24,016
6	1,074,872	659,037	91,629	38,018	6,357
7	536,614	931,792	−40,260	10,994	782,083
8	29,712,030	573,450	−6,819	74,280	10,479
9	6,270,421	24,125	7,984,694	58,132	9,540
10	43,915,945	905,861	2,013	89,306	−3,485
11		367,246	56,486	96,025	−7,901
12		756,089	1,725	35,347	−93,623
13			−8,075,976	20,513	45,394
14			−418,304	71,685	2,842
15			2,639,531	43,761	8,651
16				62,497	4,818
17					1,569
18					−506,170
19					−60,732
20					9,224
計					

答えの	小計	小計(1)～(3)		小計(4)～(5)	
	合計	合計E(1)～(5)			

	(1)	(2)	(3)	(4)	(5)
合計Eに対する構成比率					
	(1)～(3)			(4)～(5)	

(注意) 構成比率はパーセントの小数第 2 位未満 4 捨 5 入

No.	(6)	(7)	(8)	(9)	(10)
1	€ 719.78	€ 18,507.62	€ 60.31	€ 952,904.13	€ 4,720.65
2	2,092.96	84,163.05	938.25	34,087.36	268,359.13
3	53,856.74	−36,098.17	26,571.06	11,645.84	618.21
4	907.21	52,746.49	7,889.51	−98,239.20	415,093.70
5	134.10	79,321.53	405.68	−289,706.76	302,451.42
6	6,475.03	20,489.24	3,094.19	60,532.57	5,876.38
7	248.32	−45,610.86	14,765.82	74,178.09	31,604.67
8	69,580.63	−83,972.31	346.20	59,350.21	827,533.29
9	7,351.89	67,034.90	508,123.07	−43,863.75	195.74
10	146.54	95,512.78	43,692.13	−176,019.48	986,407.97
11	40,068.45		18.67	85,426.12	73,962.56
12	523.61		259,837.49		9,281.05
13	8,910.27		701.54		130,849.80
14	372.86		80,457.96		
15			5,242.73		
計					

| 答えの | 小計 | 小計(6)～(8) | | | 小計(9)～(10) | |
| | 合計 | 合計 F (6)～(10) | | | | |

合計 F に	(6)	(7)	(8)	(9)	(10)
対する					
構成比率	(6)～(8)			(9)～(10)	

| そろばん | | (C) 見取算得点 | | 総 得 点 | |
| 電 卓 | | | | | |

| 試験場校名 | | 見取算得点 | |
| 受 験 番 号 | | | |

【第146回】

第2級　ビジネス計算部門 (制限時間30分)

(注意)　Ⅰ．複利・減価償却費の計算については，別紙の数表を用いること。
　　　　Ⅱ．答えに端数が生じた場合は（　）内の条件によって処理すること。

(1) 8,890lbは何キログラムか。ただし，/lb＝0.4536kgとする。
　　（キログラム未満4捨5入）

答 _____

(2) ある商品を4袋につき¥6,080で仕入れ，仕入代金¥395,200を支払った。
　　仕入数量は何袋か。

答 _____

(3) 額面¥1,620,000の約束手形を割引率年7.15%で割り引くと，割引料はいくらか。
　　ただし，割引日数は40日とする。（円未満切り捨て）

答 _____

(4) 原価¥725,000の商品に原価の3割2分の利益を見込んで予定売価(定価)をつけたが，
　　予定売価(定価)の/割7分引きで販売した。実売価はいくらか。

答 _____

(5) ¥6,790,000を年利率5%，半年/期の複利で7年間貸し付けると，複利終価は
　　いくらか。（円未満4捨5入）

答 _____

(6) 30kgにつき$21.69の商品を8,460kg仕入れた。仕入代金は円でいくらか。
　　ただし，$/＝¥133とする。（計算の最終で円未満4捨5入）

答 _____

(7) 元金¥5,150,000を年利率1.86%の単利で/0月//日から/2月26日まで貸し付けると，
　　期日に受け取る元利合計はいくらか。（片落とし，円未満切り捨て）

答 _____

(8) ある商品を¥480,370で販売したところ，原価の21%の利益を得た。この商品の原価は
いくらか。

答 _____

(9) 取得価額¥9,630,000 耐用年数41年の固定資産を定額法で減価償却すれば，
第12期首帳簿価額はいくらか。ただし，決算は年1回，残存簿価¥1とする。

答 _____

(10) 年利率3.65%の単利で3月17日から6月8日まで借り入れたところ，期日に利息
¥40,753を支払った。元金はいくらか。（片落とし）

答 _____

(11) 1ydにつき¥680の商品を50m建にするといくらか。ただし，1yd＝0.9144mとする。
（計算の最終で円未満4捨5入）

答 _____

(12) ある施設の昨年の利用者数は187,000人で，今年の利用者数は323,510人であった。
今年の利用者数は昨年の利用者数に比べて何割何分増加したか。

答 _____

(13) ¥8,940,000を年利率0.52%の単利で8月2日から10月9日まで借り入れると，
期日に支払う利息はいくらか。（片落とし，円未満切り捨て）

答 _____

(14) 仲立人が売り主から2.6%，買い主から2.3%の手数料を受け取る約束で
¥9,310,000の商品の売買を仲介した。仲立人が得た手数料の合計額はいくらか。

答 _____

(15) 翌年2月4日満期，額面¥6,170,000の手形を12月16日に割引率年4.95%で割り引く
と，手取金はいくらか。（両端入れ，割引料の円未満切り捨て）

答 _____

【第146回】2級問題②

(16) /台につき¥4,560の商品を2/0台仕入れ，諸掛り¥38,400を支払った。この商品の
諸掛込原価に利益を見込んで全部販売したところ，実売価の総額が¥1,379,460となった。
利益の総額はいくらか。

答 _____

(17) 元金¥7,320,000を単利で7か月間貸し付け，期日に利息¥90,95/を受け取った。
年利率は何パーセントか。パーセントの小数第2位まで求めよ。

答 _____

(18) 8年後に支払う負債¥2,280,000を年利率6％，/年/期の複利で割り引いて，
いま支払うとすればその金額はいくらか。(¥100未満切り上げ)

答 _____

(19) 原価¥192,000の商品を予定売価(定価)¥240,000から値引きして販売したところ，
原価の/3％の利益を得た。値引額は予定売価(定価)の何パーセントか。パーセントの小数第/位
まで求めよ。

答 _____

(20) 取得価額¥4,7/0,000 耐用年数27年の固定資産を定額法で減価償却するとき，次の
減価償却計算表の第4期末まで記入せよ。ただし，決算は年/回，残存簿価¥/とする。

減 価 償 却 計 算 表

期数	期 首 帳 簿 価 額	償 却 限 度 額	減価償却累計額
/			
2			
3			
4			

試験場校名	
受 験 番 号	

正答数	得 点
	(× 5)

【第146回】2級問題③

109

第147回 ビジネス計算実務検定試験

第 2 級 普通計算部門 （制限時間 A・B・C 合わせて30分）

(A) 乗算問題

(注意) 円未満４捨５入、構成比率はパーセントの小数第２位未満４捨５入

(1)	¥	567 × 2,340 =
(2)	¥	9,276 × 0.04128 =
(3)	¥	37,490 × 655 =
(4)	¥	848 × 793,602 =
(5)	¥	1,503 × 39.7 =

答えの小計・合計		合計Aに対する構成比率	
小計(1)~(3)	(1)		(1)~(3)
	(2)		
	(3)		
小計(4)~(5)	(4)		(4)~(5)
	(5)		
合計A(1)~(5)			

(注意) セント未満４捨５入、構成比率はパーセントの小数第２位未満４捨５入

(6)	€	4.25 × 1,082.4 =
(7)	€	78.61 × 969 =
(8)	€	21.32 × 4.7053 =
(9)	€	6,380.09 × 0.816 =
(10)	€	59.14 × 5,871 =

答えの小計・合計		合計Bに対する構成比率	
小計(6)~(8)	(6)		(6)~(8)
	(7)		
	(8)		
小計(9)~(10)	(9)		(9)~(10)
	(10)		
合計B(6)~(10)			

（B）除　算　問　題

（注意）円未満４捨５入、構成比率はパーセントの小数第２位未満４捨５入

（１）	¥ 291,036 ÷ 614 =
（２）	¥ 3,986,040 ÷ 708 =
（３）	¥ 10,879 ÷ 889.2 =
（４）	¥ 7,371 ÷ 0.23 =
（５）	¥ 92,645,475 ÷ 95,021 =

（注意）セント未満４捨５入、構成比率はパーセントの小数第２位未満４捨５入

（６）	$ 318.92 ÷ 4.6 =
（７）	$ 913.75 ÷ 1,062.5 =
（８）	$ 7,442.60 ÷ 3,980 =
（９）	$ 17.25 ÷ 0.0717 =
（10）	$ 409,251.99 ÷ 5,349 =

答えの小計・合計 ／ 合計Cに対する構成比率

答えの小計・合計	合計Cに対する構成比率
小計(1)～(3)	(1)～(3)
(1)	
(2)	
(3)	
小計(4)～(5)	(4)～(5)
(4)	
(5)	
合計C(1)～(5)	

答えの小計・合計 ／ 合計Dに対する構成比率

答えの小計・合計	合計Dに対する構成比率
小計(6)～(8)	(6)～(8)
(6)	
(7)	
(8)	
小計(9)～(10)	(9)～(10)
(9)	
(10)	
合計D(6)～(10)	

試験場校名	
受験番号	

	そろばん	電　卓
（A）乗算得点		
（B）除算得点		

得　点

112

第 2 級　　普　通　計　算　部　門 （制限時間 A・B・C 合わせて30分）

（C）見 取 算 問 題

（注意）構成比率はパーセントの小数第 2 位未満 4 捨 5 入

No.	(1)	(2)	(3)	(4)	(5)
1	63,105	4,673	145,168	7,832	85,362,439
2	17,064	3,487	91,204,613	86,094	76,592
3	59,447	60,329	418,705	9,731	2,190,871
4	40,358	−7,214	3,073,942	5,290	681,315
5	24,816	928,053	569,096	−49,359	7,407
6	38,749	6,830	79,826,534	−1,803	5,173
7	75,083	1,945	64,337,480	−24,125	9,610
8	57,904	−840,138	2,950,271	6,648	4,984
9	13,672	−5,651	85,231,760	2,150	3,028
10	80,921	2,376	789,325	30,519	14,264
11	26,198	397,709		71,627	456,752
12	41,530	5,062		−8,470	9,720,169
13	32,825	471,590		−7,561	8,948
14	96,297	−16,427		58,987	2,350
15		−254,918		10,743	58,003,786
16		−9,586		4,576	
17		8,102		−92,068	
18				−63,402	
19				42,385	
20				3,691	
計					

答えの 小計	小計(1)～(3)			小計(4)～(5)	
・合計	合計E(1)～(5)				

合計Eに 対する 構成比率	(1)	(2)	(3)	(4)	(5)
	(1)～(3)			(4)～(5)	

(注意) 構成比率はパーセントの小数第2位未満4捨5入

No.	(6)	(7)	(8)	(9)	(10)
	£	£	£	£	£
1	20,142.31	5,810.97	617,829.64	932.76	34,983.70
2	69,757.08	94,786.50	560,218.90	836,103.52	40.12
3	1,024.15	26,113.85	425,930.47	394,580.18	792.03
4	38,136.51	7,301.62	−543,768.03	9,247.41	8,421.46
5	598.47	19,674.08	−750,106.31	48,620.95	27,160.82
6	6,371.26	8,028.41	391,495.58	170,469.87	−518.59
7	4,856.79	70,539.06	872,341.69	26,078.43	−6,357.61
8	73,409.92	42,075.14	−986,713.26	3,891.29	52,804.10
9	80,683.50	31,548.23	124,052.79	754.97	9,658.87
10	962.87	6,492.76	208,574.83	502,216.30	−8,973.95
11	45,294.60	87,934.35		65,372.51	−90,236.47
12		63,257.29		281,905.64	1,509.38
13				57,314.08	45,626.94
14					−75.31
15					13,067.24
計					

| 答えの | 小計 | 小計(6)～(8) | | 小計(9)～(10) | |
| | 合計 | 合計F(6)～(10) | | | |

合計Fに	(6)	(7)	(8)	(9)	(10)
対する	(6)～(8)			(9)～(10)	
構成比率					

| 試験場校名 | | そろばん | | (C) 見取算得点 | |
| 受験番号 | | 電卓 | | | |

| 総得点 | |

第2級　ビジネス計算部門 (制限時間30分)

（注意）Ⅰ．複利・減価償却費の計算については，別紙の数表を用いること。
　　　　Ⅱ．答えに端数が生じた場合は（　）内の条件によって処理すること。

(1) 9,250ftは何メートルか。ただし，1ft＝0.3048mとする。
　　（メートル未満4捨5入）

　　　　　　　　　　　　　　　　　　　　　　　　　答 _____

(2) 額面¥2,030,000の約束手形を割引率年6.75％で割り引くと，割引料はいくらか。
　　ただし，割引日数は47日とする。（円未満切り捨て）

　　　　　　　　　　　　　　　　　　　　　　　　　答 _____

(3) ある商品を6個につき¥5,730で仕入れ，仕入代金¥802,200を支払った。
　　仕入数量は何個か。

　　　　　　　　　　　　　　　　　　　　　　　　　答 _____

(4) 元金¥4,520,000を年利率3.76％の単利で3月18日から5月20日まで借り入れると，
　　期日に支払う利息はいくらか。（片落とし，円未満切り捨て）

　　　　　　　　　　　　　　　　　　　　　　　　　答 _____

(5) 原価¥385,000の商品に原価の24％の利益を見込んで予定売価(定価)をつけたが，
　　予定売価(定価)の5％引きで販売した。実売価はいくらか。

　　　　　　　　　　　　　　　　　　　　　　　　　答 _____

(6) ¥8,160,000を年利率4.5％，1年1期の複利で15年間貸すと，複利利息はいくらか。
　　（円未満4捨5入）

　　　　　　　　　　　　　　　　　　　　　　　　　答 _____

(7) ある商品を¥765,060で販売したところ，原価の18％の損失となった。この商品の
　　原価はいくらか。

　　　　　　　　　　　　　　　　　　　　　　　　　答 _____

(8) 4年6か月後に支払う負債￥3,280,000を年利率4%, 半年1期の複利で割り引いて,
いま支払うとすればその金額はいくらか。(円未満4捨5入)

答 _____

(9) 年利率4.38％の単利で6月21日から9月3日まで貸し付けたところ, 期日に利息
￥71,484を受け取った。元金はいくらか。(片落とし)

答 _____

(10) 1lbにつき￥960の商品を30kg建にするといくらか。ただし, 1lb＝0.4536kgとする。
(計算の最終で円未満4捨5入)

答 _____

(11) 取得価額￥7,510,000 耐用年数29年の固定資産を定額法で減価償却すれば,
第13期末減価償却累計額はいくらか。ただし, 決算は年1回, 残存簿価￥1とする。

答 _____

(12) 10米ガロンにつき$89.35の商品を610米ガロン仕入れた。仕入代金は円でいくらか。
ただし, $1＝￥137とする。(計算の最終で円未満4捨5入)

答 _____

(13) あるスポーツセンターの昨年の利用者数は194,000人で, 今年の利用者数は
170,720人であった。今年の利用者数は昨年の利用者数に比べて何割何分減少したか。

答 _____

(14) 元金￥5,390,000を年利率0.62％の単利で10月1日から12月22日まで貸し付け
ると, 期日に受け取る元利合計はいくらか。(片落とし, 円未満切り捨て)

答 _____

(15) 1着につき￥1,560の商品を590着仕入れ, 諸掛り￥29,100を支払った。この商品に
諸掛込原価の3割4分の利益を見込んで全部販売すると, 実売価の総額はいくらか。

答 _____

【第147回】2級問題②

(16) 2月28日満期, 額面¥6,360,000の手形を1月4日に割引率年2.35%で割り引くと, 手取金はいくらか。（両端入れ, 割引料の円未満切り捨て）

答 _____

(17) 予定売価(定価)¥866,000の商品を¥601,870で販売した。値引額は予定売価(定価)の 何パーセントか。パーセントの小数第1位まで求めよ。

答 _____

(18) ¥6,240,000を年利率1.09%の単利で借り入れ, 期日に利息¥28,340を支払った。 借入期間は何か月間か。

答 _____

(19) 仲立人が売り主・買い主双方から2.1%ずつの手数料を受け取る約束で¥4,260,000の 商品の売買を仲介した。売り主の手取金はいくらか。

答 _____

(20) 取得価額¥9,540,000 耐用年数11年の固定資産を定額法で減価償却するとき, 次の 減価償却計算表の第4期末まで記入せよ。ただし, 決算は年1回, 残存簿価¥1とする。

減 価 償 却 計 算 表

期数	期 首 帳 簿 価 額	償 却 限 度 額	減価償却累計額
1			
2			
3			
4			

試験場校名	
受 験 番 号	

正答数	得 点
	(× 5)

〈参考〉電卓の使い方

電卓には，さまざまな種類がある。本書で扱ったC型（下図左）と，もう一つの代表的な電卓であるS型（下図右）とを対比する形で説明する。

C型の電卓

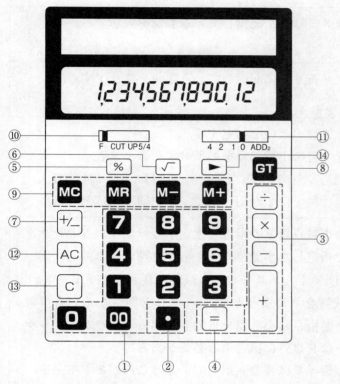

S型の電卓

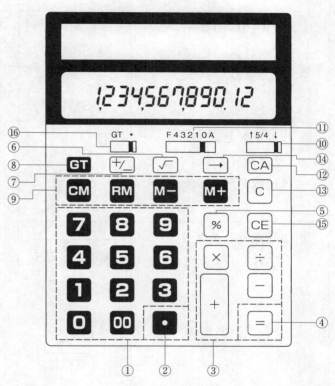

名　称	キ　ー	機　能
① 数字キー	[1] ～ [9] [0] ～ [00]	[1]～[9] は/から9までの数を入力する。 [0]は0を入力し，[00]は0を2つ入力する。
② 小数点キー	[・]	小数点を入力する。
③ 計算命令キー 　（四則演算キー）	[+] [−] [×] [÷]	[+]で加算，[−]で減算，[×]で乗算，[÷]で除算をおこなう。
④ イコールキー	[=]	四則計算の答を表示する（計算結果はGTメモリーに記憶される）。
⑤ パーセントキー	[%]	百分率を求める。
⑥ ルートキー	[√]	開平をおこなう（平方根をひらく）。
⑦ サインチェンジキー	[±]	正の数を負の数に，負の数を正の数に切り換える。
⑧ GTメモリーキー	[GT]	グランドトータルメモリー（GTメモリー）に記憶している数値の合計を表示する。 S型機種では [GT] を2回つづけて押すとGTメモリーはクリアされる。

名　称		キ　ー	機　能
⑨ 独立メモリーキー	メモリープラスキー	M+	独立メモリーに数値を加算する（イコールキーの機能もはたらく）。
	メモリーマイナスキー	M−	独立メモリーから数値を減算する（イコールキーの機能もはたらく）。
	メモリーリコールキー	MR RM（S型機種）	独立メモリーに記憶している数値を表示する。
	メモリークリアキー	MC CM（S型機種）	独立メモリーに記憶している数値をクリアする。
⑩ ラウンドセレクター （ラウンドスイッチまたは端数処理スイッチ）		F CUT UP5/4 ↑5/4 ↓ （S型機種）	端数処理の条件を指定する。 　F：答の小数部分を処理せずそのまま表示 　CUT：切り捨て　UP：切り上げ　5/4：4捨5入 S型機種では↓が切り捨て，↑が切り上げとなる。
⑪ 小数点セレクター （TABスイッチ）		4 2 1 0 ADD₂ F43210A （S型機種）	答の小数点以下の桁数を指定する（ラウンドセレクターで指定した小数位の下1桁が処理される）。 ADD₂：ドル・ユーロの加減算に便利なアドモード。加減算をおこなうとき，・キーを押さなくても置数の下2桁目に小数点を自動表示する（ラウンドセレクターはF以外に指定する必要がある）。 S型機種ではAと表示してあるところがアドモード。
⑫ オールクリアキー		AC CA（S型機種）	独立メモリーに記憶している数値を除き，すべてをクリアする。 S型機種では独立メモリーもすべてクリアする。 C型機種では電源オン機能をもつ。
⑬ クリアキー		C	表示している数値および答をクリアする（ただし，GTメモリーと独立メモリーはそのまま）。 C型機種では置数の訂正に使用するが，S型機種での訂正はCEキーを使用する。 S型機種では電源オン機能をもつ。
⑭ 桁下げキー		▶ →（S型機種）	表示されている数値の最小桁の数字を1つ消す。
⑮ 置数訂正キー		CE （S型機種のみ）	表示している数値のみクリアする。
⑯ GTスイッチ		（S型機種のみ）	GTメモリーを使うときに指定する。

令和6年度版

全国商業高等学校協会主催
ビジネス計算実務検定模擬試験問題集

2級　解答編

○配点は以下のとおりです。各ページにも配点を示しました。

受験問題＼受験種別	珠算 (/)〜(/〇)	電卓 (/)〜(/〇)	電卓 小計・合計	電卓 構成比率	合格点
普通計算部門（300点満点） (A) 乗算問題	10点×10	5点×10	5点×4	5点×6	
	100点	100点			
普通計算部門（300点満点） (B) 除算問題	10点×10	5点×10	5点×4	5点×6	(A)〜(C) 計210点
	100点	100点			
普通計算部門（300点満点） (C) 見取算問題	10点×10	5点×10	5点×4	5点×6	
	100点	100点			
ビジネス計算部門（100点満点）	(/)〜(20)　5点×20＝100点				70点

実教出版

1．3級に準ずる計算 (p.3)

1．度量衡の計算 (p.3)

(1) $0.9144\text{m} \times \dfrac{9,100\text{yd}}{1\text{yd}} = 8,321\text{m}$

〈キー操作〉ラウンドセレクターを5/4，小数点セレクターを0にセット
$\boxed{\cdot}$ 9144 $\boxed{\times}$ 9,100 $\boxed{=}$

(2) $1,016\text{kg} \times \dfrac{480\text{英トン}}{1\text{英トン}} = 487,680\text{kg}$

〈キー操作〉1,016 $\boxed{\times}$ 480 $\boxed{=}$

(3) $1\text{英トン} \times \dfrac{39,000\text{kg}}{1,016\text{kg}} = 38\text{英トン}$

〈キー操作〉ラウンドセレクターを5/4，小数点セレクターを0にセット
39,000 $\boxed{\div}$ 1,016 $\boxed{=}$

(4) $1\text{lb} \times \dfrac{5,700\text{kg}}{0.4536\text{kg}} = 12,566\text{lb}$

〈キー操作〉ラウンドセレクターを5/4，小数点セレクターを0にセット
5,700 $\boxed{\div}$ $\boxed{\cdot}$ 4536 $\boxed{=}$

(5) $0.4536\text{kg} \times \dfrac{6,300\text{lb}}{1\text{lb}} = 2,858\text{kg}$

〈キー操作〉ラウンドセレクターを5/4，小数点セレクターを0にセット
0.4536 $\boxed{\times}$ 6,300 $\boxed{=}$

(6) $907.2\text{kg} \times \dfrac{910\text{米トン}}{1\text{米トン}} = 825,552\text{kg}$

〈キー操作〉907.2 $\boxed{\times}$ 910 $\boxed{=}$

(7) $3.785\text{L} \times \dfrac{510\text{米ガロン}}{1\text{米ガロン}} = 1,930\text{L}$

〈キー操作〉ラウンドセレクターを5/4，小数点セレクターを0にセット
3.785 $\boxed{\times}$ 510 $\boxed{=}$

(8) $1\text{英ガロン} \times \dfrac{2,840\text{L}}{4.546\text{L}} = 625\text{英ガロン}$

〈キー操作〉ラウンドセレクターを5/4，小数点セレクターを0にセット
2,840 $\boxed{\div}$ 4.546 $\boxed{=}$

2．貨幣の換算 (p.4)

(1) $¥115 \times \dfrac{\$294.06}{\$1} = ¥33,817$

〈キー操作〉ラウンドセレクターを5/4，小数点セレクターを0にセット
115 $\boxed{\times}$ 294.06 $\boxed{=}$

(2) $\$1 \times \dfrac{¥71,200}{¥118} = \$603.39$

〈キー操作〉ラウンドセレクターを5/4，小数点セレクターを2にセット
71,200 $\boxed{\div}$ 118 $\boxed{=}$

(3) $¥39 \times \dfrac{€628.50}{€1} = ¥87,362$

〈キー操作〉ラウンドセレクターを5/4，小数点セレクターを0にセット
139 $\boxed{\times}$ 628.5 $\boxed{=}$

(4) $€1 \times \dfrac{¥10,500}{¥124} = €84.68$

〈キー操作〉ラウンドセレクターを5/4，小数点セレクターを2にセット
10,500 $\boxed{\div}$ 124 $\boxed{=}$

(5) $¥153 \times \dfrac{£543.70}{£1} = ¥83,186$

〈キー操作〉ラウンドセレクターを5/4，小数点セレクターを0にセット
153 $\boxed{\times}$ 543.7 $\boxed{=}$

(6) $£1 \times \dfrac{¥82,262}{¥164} = £501.60$

〈キー操作〉ラウンドセレクターを5/4，小数点セレクターを2にセット
82,262 $\boxed{\div}$ 164 $\boxed{=}$

3．割合に関する計算 (p.4)

(1) $¥695,000 \times 0.17 = ¥118,150$

〈キー操作〉695,000 $\boxed{\times}$ $\boxed{\cdot}$ 17 $\boxed{=}$

(2) $¥153,000 \div 850,000 = 0.18$　　18%

〈キー操作〉153,000 $\boxed{\div}$ 850,000 $\boxed{=}$

(3) $¥160,500 \div 0.25 = ¥642,000$

〈キー操作〉160,500 $\boxed{\div}$ $\boxed{\cdot}$ 25 $\boxed{=}$

(4) $¥238,000 \times (1+0.24) = ¥295,120$

〈キー操作〉238,000 $\boxed{\times}$ 1.24 $\boxed{=}$

(5) $¥372,000 \times (1-0.16) = ¥312,480$

〈キー操作〉1 $\boxed{-}$ $\boxed{\cdot}$ 16 $\boxed{\times}$ 372,000 $\boxed{=}$

(6) $¥410,800 \div (1-0.21) = ¥520,000$

〈キー操作〉1 $\boxed{-}$ $\boxed{\cdot}$ 21 $\boxed{M+}$ 410,800 $\boxed{\div}$ $\boxed{MR}$ $\boxed{=}$

(7) $7,198\text{kg} \div 5,900\text{kg} - 1 = 0.22$　　22%
または，$7,198\text{kg} - 5,900\text{kg} = 1,298\text{kg}$
$1,298\text{kg} \div 5,900\text{kg} = 0.22$　　22%

〈キー操作〉7,198 $\boxed{\div}$ 5,900 $\boxed{-}$ 1 $\boxed{=}$
または，7,198 $\boxed{-}$ 5,900 $\boxed{\div}$ 5,900 $\boxed{=}$

(8) $¥481,800 \div (1+0.32) = ¥365,000$

〈キー操作〉481,800 $\boxed{\div}$ 1.32 $\boxed{=}$

(9) $¥151,200 \div 0.35 = ¥432,000$
$¥432,000 \times (1-0.35) = ¥280,800$

〈キー操作〉1 $\boxed{-}$ $\boxed{\cdot}$ 35 $\boxed{M+}$ 151,200 $\boxed{\div}$ $\boxed{\cdot}$ 35 $\boxed{\times}$ $\boxed{MR}$ $\boxed{=}$

4．単利の計算 (p.5)

(1) $¥6,540,000 \times 0.0392 \times \dfrac{8}{12} = ¥170,912$

〈キー操作〉6,540,000 $\boxed{\times}$ $\boxed{\cdot}$ 0392 $\boxed{\times}$ 8 $\boxed{\div}$ 12 $\boxed{=}$

(2) $¥7,620,000 \times 0.0454 \times \dfrac{17}{12} = ¥490,093$

〈キー操作〉7,620,000 $\boxed{\times}$ $\boxed{\cdot}$ 0454 $\boxed{\times}$ 17 $\boxed{\div}$ 12 $\boxed{=}$

(3) $¥3,480,000 \times 0.0245 \times \dfrac{15}{12} = ¥106,575$

〈キー操作〉3,480,000 $\boxed{\times}$ $\boxed{\cdot}$ 0245 $\boxed{\times}$ 15 $\boxed{\div}$ 12 $\boxed{=}$

(4) $¥8,960,000 \times 0.0053 \times \dfrac{19}{12} = ¥75,189$

〈キー操作〉ラウンドセレクターをCUT，小数点セレクターを0にセット
8,960,000 $\boxed{\times}$ $\boxed{\cdot}$ 0053 $\boxed{\times}$ 19 $\boxed{\div}$ 12 $\boxed{=}$

(5) $¥6,180,000 \times 0.0345 \times \dfrac{146}{365} = ¥85,284$

〈キー操作〉6,180,000 $\boxed{\times}$ $\boxed{\cdot}$ 0345 $\boxed{\times}$ 146 $\boxed{\div}$ 365 $\boxed{=}$

(6) $¥2,130,000 \times 0.0528 \times \dfrac{67}{365} = ¥20,644$

〈キー操作〉ラウンドセレクターをCUT，小数点セレクターを0にセット
2,130,000 $\boxed{\times}$ $\boxed{\cdot}$ 0528 $\boxed{\times}$ 67 $\boxed{\div}$ 365 $\boxed{=}$

(7) 5/18〜7/14…57日（片落とし）

$¥9,420,000 \times 0.0467 \times \dfrac{57}{365} = ¥68,698$

〈キー操作〉ラウンドセレクターをCUT，小数点セレクターを0にセット
9,420,000 $\boxed{\times}$ $\boxed{\cdot}$ 0467 $\boxed{\times}$ 57 $\boxed{\div}$ 365 $\boxed{=}$

(8) 7/8〜10/25…109日（片落とし）

$¥4,790,000 \times 0.0027 \times \dfrac{109}{365} = ¥3,862$

〈キー操作〉ラウンドセレクターをCUT，小数点セレクターを0にセット
4,790,000 $\boxed{\times}$ $\boxed{\cdot}$ 0027 $\boxed{\times}$ 109 $\boxed{\div}$ 365 $\boxed{=}$

(9) $¥2,460,000 \times 0.0368 \times \dfrac{11}{12} = ¥82,984$

$¥2,460,000 + ¥82,984 = ¥2,542,984$

〈キー操作〉2,460,000 ✕ • 0368 ✕ 11 ÷ 12 ＋ 2,460,000 ＝
または，2,460,000 M+ ✕ • 0368 ✕ 11 ÷ 12 M+ MR

(10) $¥3,710,000×0.0543×\dfrac{96}{365}=¥52,984$

$¥3,710,000＋¥52,984=¥3,762,984$

〈キー操作〉ラウンドセレクターをCUT，小数点セレクターを0にセット
3,710,000 ✕ • 0543 ✕ 96 ÷ 365 ＋ 3,710,000 ＝
または，3,710,000 M+ ✕ • 0543 ✕ 96 ÷ 365 M+ MR

(11) 4/16～7/5…80日

$¥8,650,000×0.0046×\dfrac{80}{365}=¥8,721$

$¥8,650,000＋¥8,721=¥8,658,721$

〈キー操作〉ラウンドセレクターをCUT，小数点セレクターを0にセット
8,650,000 ✕ • 0046 ✕ 80 ÷ 365 ＋ 8,650,000 ＝
または，8,650,000 M+ ✕ • 0046 ✕ 80 ÷ 365 M+ MR

(12) $¥170,478÷\left(0.0246×\dfrac{11}{12}\right)=¥7,560,000$

〈キー操作〉• 0246 ✕ 11 ÷ 12 M+ 170,478 ÷ MR ＝

(13) $¥4,914÷\left(0.0073×\dfrac{105}{365}\right)=¥2,340,000$

〈キー操作〉• 0073 ✕ 105 ÷ 365 M+ 4,914 ÷ MR ＝

(14) 7/15～9/23…70日（片落とし）

$¥18,396÷\left(6,570,000×\dfrac{70}{365}\right)=0.0146$　　1.46%

〈キー操作〉6,570,000 ✕ 70 ÷ 365 M+ 18,396 ÷ MR %

(15) 8/3～10/25…83日（片落とし）

$¥1,743÷\left(2,190,000×\dfrac{83}{365}\right)=0.0035$　　0.35%

〈キー操作〉2,190,000 ✕ 83 ÷ 365 M+ 1,743 ÷ MR %

(16) $¥280,896÷\left(4,560,000×0.0462×\dfrac{1}{12}\right)=16$

1年4か月（間）

〈キー操作〉4,560,000 ✕ • 0462 ÷ 12 M+ 280,896 ÷ MR ＝

(17) $¥5,344÷\left(8,350,000×0.0016×\dfrac{1}{365}\right)=146$日（間）

〈キー操作〉8,350,000 ✕ • 0016 ÷ 365 M+ 5,344 ÷ MR ＝

2. 手形割引の計算　(p.9)

(1) $¥9,460,000×0.045×\dfrac{81}{365}=¥94,470$

〈キー操作〉ラウンドセレクターをCUT，小数点セレクターを0にセット
9,460,000 ✕ • 045 ✕ 81 ÷ 365 ＝

(2) 5/2～7/10…70日（両端入れ）

$¥7,240,000×0.0325×\dfrac{70}{365}=¥45,126$

〈キー操作〉ラウンドセレクターをCUT，小数点セレクターを0にセット
7,240,000 ✕ • 0325 ✕ 70 ÷ 365 ＝

(3) $¥8,390,000×0.0675×\dfrac{57}{365}=¥88,439$

〈キー操作〉ラウンドセレクターをCUT，小数点セレクターを0にセット
8,390,000 ✕ • 0675 ✕ 57 ÷ 365 ＝

(4) $¥4,130,000×0.0425×\dfrac{76}{365}=¥36,547$

$¥4,130,000－¥36,547=¥4,093,453$

〈キー操作〉ラウンドセレクターをCUT，小数点セレクターを0にセット
4,130,000 M+ ✕ • 0425 ✕ 76 ÷ 365 M- MR

(5) 2/1～4/25…85日（うるう年，両端入れ）

$¥2,970,000×0.0275×\dfrac{85}{365}=¥19,020$

$¥2,970,000－¥19,020=¥2,950,980$

〈キー操作〉ラウンドセレクターをCUT，小数点セレクターを0にセット
2,970,000 M+ ✕ • 0275 ✕ 85 ÷ 365 M- MR

(6) $¥5,620,000×0.035×\dfrac{62}{365}=¥33,412$

$¥5,620,000－¥33,412=¥5,586,588$

〈キー操作〉ラウンドセレクターをCUT，小数点セレクターを0にセット
5,620,000 M+ ✕ • 035 ✕ 62 ÷ 365 M- MR

(7) 5/7～7/15…70日（両端入れ）

$¥8,910,000×0.0575×\dfrac{70}{365}=¥98,254$

$¥8,910,000－¥98,254=¥8,811,746$

〈キー操作〉ラウンドセレクターをCUT，小数点セレクターを0にセット
8,910,000 M+ ✕ • 0575 ✕ 70 ÷ 365 M- MR

3. 売買・損益の計算　(p.11)

(1) $\dfrac{¥197,800}{¥460}×1個=430個$

〈キー操作〉197,800 ÷ 460 ＝

(2) $\dfrac{¥441,000}{¥4,500}×10m=980m$

〈キー操作〉441,000 ÷ 4,500 ✕ 10 ＝

(3) $\dfrac{¥140,600}{¥3,800}×20L=740L$

〈キー操作〉140,600 ÷ 3,800 ✕ 20 ＝

(4) $\dfrac{¥268,800}{¥6,400}×50kg=2,100kg$

〈キー操作〉268,800 ÷ 6,400 ✕ 50 ＝

(5) $\$7.80×\dfrac{210kg}{kg}=\$1,638$

$¥108×\$1,638=¥176,904$

〈キー操作〉7.8 ✕ 210 ✕ 108 ＝

(6) $\$16.90×\dfrac{390個}{個}=\$6,591$

$¥113×\$6,591=¥744,783$

〈キー操作〉16.9 ✕ 390 ✕ 113 ＝

(7) $£40.50×\dfrac{640yd}{10yd}=£2,592$

$¥153×£2,592=¥396,576$

〈キー操作〉40.5 ✕ 640 ÷ 10 ✕ 153 ＝

(8) $¥820×\dfrac{30L}{L}=¥24,600$

$\$1×\dfrac{¥24,600}{¥116}=\$212.07$

〈キー操作〉ラウンドセレクターを5/4，小数点セレクターを2にセット
820 ✕ 30 ÷ 116 ＝

(9) $¥9,600×\dfrac{350kg}{20kg}=¥168,000$

$€1×\dfrac{¥168,000}{¥149}=€1,127.52$

〈キー操作〉ラウンドセレクターを5/4，小数点セレクターを2にセット
9,600 ✕ 350 ÷ 20 ÷ 149 ＝

(10) $¥5,300×\dfrac{10m}{0.9144m}=¥57,962$

〈キー操作〉5,300 ✕ 10 ÷ • 9144 ＝

(11) $¥298,160 \times \dfrac{50\text{kg}}{907.2\text{kg}} = \underline{¥16,433}$

〈キー操作〉 298,160 ⊠ 50 ÷ 907.2 ⩵

(12) $\dfrac{¥47,628}{10\text{lb}} \times \dfrac{60\text{kg}}{0.4536\text{kg}} = \underline{¥630,000}$

〈キー操作〉 47,628 ⊠ 60 ÷ 10 ÷ • 4536 ⩵

(13) $¥6,300 \times \dfrac{140\text{kg}}{1\text{kg}} + ¥73,000 = \underline{¥955,000}$

〈キー操作〉 6,300 ⊠ 140 ⊞ 73,000 ⩵

(14) $(¥162,400 + ¥7,600) \times 0.13 = \underline{¥22,100}$

〈キー操作〉 162,400 ⊞ 7,600 ⊠ • 13 ⩵

(15) $\left(¥830 \times \dfrac{600\text{L}}{1\text{L}} + ¥42,000\right) \times 0.24 = \underline{¥129,600}$

〈キー操作〉 830 ⊠ 600 ⊞ 42,000 ⊠ • 24 ⩵

(16) $(¥521,500 + ¥47,500) \times (1 + 0.19) = \underline{¥677,110}$

〈キー操作〉 521,500 ⊞ 47,500 ⊠ 1.19 ⩵

(17) $\left(¥750 \times \dfrac{460\text{個}}{1\text{個}} + ¥35,000\right) \times (1 + 0.2) = \underline{¥456,000}$

〈キー操作〉 750 ⊠ 460 ⊞ 35,000 ⊠ 1.2 ⩵

(18) $¥430,000 \times (1 + 0.2) \times (1 - 0.15) = \underline{¥438,600}$

〈キー操作〉 430,000 ⊠ 1.2 M⊞ 1 ⊟ • 15 ⊠ MR ⩵

(19) $¥860,000 \times (1 + 0.34) - ¥92,000 = \underline{¥1,060,400}$

〈キー操作〉 860,000 ⊠ 1.34 ⊟ 92,000 ⩵

(20) $¥550,000 \times (1 + 0.22) \times (1 - 0.16) = \underline{¥563,640}$

〈キー操作〉 550,000 ⊠ 1.22 M⊞ 1 ⊟ • 16 ⊠ MR ⩵

(21) $(¥370,000 + ¥66,600) \times 0.12 = \underline{¥52,392}$

〈キー操作〉 370,000 ⊞ 66,600 ⊠ • 12 ⩵

(22) $¥650,000 \times (1 + 0.26) - ¥89,000 = ¥730,000$
  $¥730,000 - ¥650,000 = \underline{¥80,000}$

〈キー操作〉 650,000 M⊞ ⊠ 1.26 ⊟ 89,000 M⊟ MR 比

(23) $¥132,840 \div ¥492,000 = 0.27$ 　　　　$\underline{2割7分}$

〈キー操作〉 132,840 ÷ 492,000 ⩵

(24) $¥640,500 \div ¥525,000 - 1 = 0.22$ 　　$\underline{22\%}$
  または,
  $¥640,500 - ¥525,000 = ¥115,500$
  $¥115,500 \div ¥525,000 = 0.22$ 　　$\underline{22\%}$

〈キー操作〉 640,500 ÷ 525,000 ⊟ 1 ⩵
  または, 640,500 ⊟ 525,000 ÷ 525,000 ⩵

(25) $¥332,722 \div ¥248,300 - 1 = 0.34$ 　　$\underline{34\%}$
  または,
  $¥332,722 - ¥248,300 = ¥84,422$
  $¥84,422 \div ¥248,300 = 0.34$ 　　$\underline{34\%}$

〈キー操作〉 332,722 ÷ 248,300 ⊟ 1 ⩵
  または, 332,722 ⊟ 248,300 ÷ 248,300 ⩵

(26) $¥70,550 \div ¥415,000 = 0.17$ 　　　$\underline{17\%}$

〈キー操作〉 70,550 ÷ 415,000 %

(27) $1 - ¥573,650 \div ¥745,000 = 0.23$ 　　$\underline{2割3分}$
  または,
  $¥745,000 - ¥573,650 = ¥171,350$
  $¥171,350 \div ¥745,000 = 0.23$ 　　$\underline{2割3分}$

〈キー操作〉 573,650 ÷ 745,000 ⊟ 1 ⩵ 比
  または, 745,000 M⊞ ⊟ 573,650 ÷ MR ⩵

(28) $¥610,000 \times (1 + 0.35) = ¥823,500$
  $¥214,110 \div ¥823,500 = 0.26$ 　　$\underline{26\%}$

〈キー操作〉 610,000 ⊠ 1.35 M⊞ 214,110 ÷ MR %

4．仲立人の手数料計算　(p.16)

(1) $¥8,150,000 \times (1 - 0.027) = \underline{¥7,929,950}$

〈キー操作〉 1 ⊟ • 027 ⊠ 8,150,000 ⩵

(2) $3,690,000 \times (1 + 0.032) = \underline{¥3,808,080}$

〈キー操作〉 1 ⊞ • 032 ⊠ 3,690,000 ⩵

(3) $¥4,330,000 \times (0.031 \times 2) = \underline{¥268,460}$

〈キー操作〉 • 031 ⊠ 2 ⊠ 4,330,000 ⩵

(4) $¥9,640,000 \times (0.033 + 0.036) = \underline{¥665,160}$

〈キー操作〉 • 033 ⊞ • 036 ⊠ 9,640,000 ⩵

5．複利の計算　(p.18)

(1) 7％, 14期の複利終価率…2.57853415
  $¥4,090,000 \times 2.57853415 = \underline{¥10,546,205}$

〈キー操作〉ラウンドセレクターを5/4, 小数点セレクターを0にセット
  4,090,000 ⊠ 2.57853415 ⩵

(2) 3.5％, 8期の複利終価率…1.31680904
  $¥5,670,000 \times 1.31680904 = \underline{¥7,466,307}$

〈キー操作〉ラウンドセレクターを5/4, 小数点セレクターを0にセット
  5,670,000 ⊠ 1.31680904 ⩵

(3) 3.5％, 6期の複利終価率…1.22925533
  $¥4,350,000 \times 1.22925533 = \underline{¥5,347,261}$

〈キー操作〉ラウンドセレクターを5/4, 小数点セレクターを0にセット
  4,350,000 ⊠ 1.22925533 ⩵

(4) 3％, 9期の複利終価率…1.30477318
  $¥5,740,000 \times 1.30477318 = \underline{¥7,489,398}$

〈キー操作〉ラウンドセレクターを5/4, 小数点セレクターを0にセット
  5,740,000 ⊠ 1.30477318 ⩵

(5) 2.5％, 12期の複利終価率…1.34488882
  $¥1,060,000 \times (1.34488882 - 1) = \underline{¥365,582}$

〈キー操作〉ラウンドセレクターを5/4, 小数点セレクターを0にセット
  1.34488882 ⊟ 1 ⊠ 1,060,000 ⩵

(6) 3％, 7期の複利終価率…1.22987387
  $¥6,730,000 \times (1.22987387 - 1) = \underline{¥1,547,051}$

〈キー操作〉ラウンドセレクターを5/4, 小数点セレクターを0にセット
  1.22987387 ⊟ 1 ⊠ 6,730,000 ⩵

(7) 4％, 9期の複利現価率…0.70258674
  $¥3,050,000 \times 0.70258674 = \underline{¥2,142,890}$

〈キー操作〉ラウンドセレクターを5/4, 小数点セレクターを0にセット
  3,050,000 ⊠ • 70258674 ⩵

(8) 3.5％, 13期の複利現価率…0.63940415
  $¥9,750,000 \times 0.63940415 = \underline{¥6,234,190}$

〈キー操作〉ラウンドセレクターを5/4, 小数点セレクターを0にセット
  9,750,000 ⊠ • 63940415 ⩵

(9) 5.5％, 8期の複利現価率…0.65159887
  $¥1,790,000 \times 0.65159887 = \underline{¥1,166,400}$
  　　　　　　　　　　　　　（¥100未満切り上げ）

〈キー操作〉 1,790,000 ⊠ • 65159887 ⩵

6. 減価償却費の計算　(p.20)

(1)・(2)　例題1を参照。

(3)　耐用年数26年の定額法償却率…0.039

$¥8,140,000×0.039=¥317,460$　　（毎期償却限度額）

$¥317,460×9=¥2,857,140$

〈キー操作〉8,140,000 ✕ • 039 ✕ 9 =

(4)　耐用年数17年の定額法償却率…0.059

$¥2,320,000×0.059=¥136,880$　　（毎期償却限度額）

$¥136,880×14=¥1,916,320$ （第14期末減価償却累計額）

$¥2,320,000-¥1,916,320=¥403,680$

〈キー操作〉2,320,000 M+ ✕ • 059 ✕ 14 M- MR

(5)　耐用年数24年の定額法償却率…0.042

$¥3,090,000×0.042=¥129,780$　　（毎期償却限度額）

$¥129,780×13=¥1,687,140$

〈キー操作〉3,090,000 ✕ • 042 ✕ 13 =

(6)　耐用年数9年の定額法償却率…0.112

$¥7,460,000×0.112=¥835,520$　　（毎期償却限度額）

$¥835,520×6=¥5,013,120$　（第6期末減価償却累計額）

$¥7,460,000-¥5,013,120=¥2,446,880$

〈キー操作〉7,460,000 M+ ✕ • 112 ✕ 6 M- MR

第2級　第1回　普通計算部門

(A)乗算問題　　[　　]　珠算・電卓採点箇所　　● 電卓のみ採点箇所

1	¥4,678,624
2	¥671,652
3	¥5,458,050
4	¥13,865
5	¥86,162,320

●	¥10,808,326		4.82%	●	11.14%
			0.69%		
		●	5.63%		
	¥86,176,185		0.01%		88.86%
		●	88.84%		
●	¥96,984,511				

珠算各10点，100点満点

6	£911.43
7	£1.95
8	£74,052.45
9	£284.67
10	£3,240,391.44

	£74,965.83	●	0.03%		2.26%
			0.00%(0%)		
			2.23%		
●	£3,240,676.11		0.01%	●	97.74%
		●	97.73%		
●	£3,315,641.94				

電卓各5点，100点満点

(B)除算問題

1	¥652
2	¥723
3	¥94,670
4	¥5,541
5	¥18

	¥96,045		0.64%	●	94.53%
			0.71%		
		●	93.18%		
●	¥5,559		5.45%		5.47%
		●	0.02%		
●	¥101,604				

6	$0.35
7	$4.07
8	$79.29
9	$80.36
10	$283.14

●	$83.71		0.08%		18.72%
		●	0.91%		
			17.73%		
	$363.50	●	17.97%	●	81.28%
			63.31%		
●	$447.21				

珠算各10点，100点満点　　電卓各5点，100点満点

(C)見取算問題

No.	1	2	3	4	5
計	¥573,990	¥744,551	¥96,232,951	¥20,493,590	¥3,405,582
小計	● ¥97,551,492			¥23,899,172	
合計	● ¥121,450,664				
答え比率	0.47%	● 0.61%	79.24%	16.87%	●2.80%(2.8%)
小計比率	80.32%			● 19.68%	

No.	6	7	8	9	10
計	€1,315,337.25	€321,641.49	€6,662.60	€5,055,352.04	€915,599.98
小計	€1,643,641.34			● €5,970,952.02	
合計	● €7,614,593.36				
答え比率	● 17.27%	4.22%	0.09%	● 66.39%	12.02%
小計比率	● 21.59%			78.41%	

珠算各10点，100点満点　　電卓各5点，100点満点

第2級　第1回　ビジネス計算部門　　[5点×20]

(1)	¥46,626	(11)	¥570,600
(2)	2,436kg	(12)	¥964,500
(3)	¥674,000	(13)	28%
(4)	¥8,816,957	(14)	¥5,840,000
(5)	980袋	(15)	¥17,952
(6)	¥3,192,831	(16)	¥7,390,255
(7)	¥694,444	(17)	8か月(間)
(8)	¥1,835,860	(18)	¥48,960
(9)	3割5分(増加)	(19)	¥7,301,120
(10)	¥8,784		

(20)

減 価 償 却 計 算 表

期数	期 首 帳 簿 価 額	償 却 限 度 額	減 価 償 却 累 計 額
1	8,570,000	308,520	308,520
2	8,261,480	308,520	617,040
3	7,952,960	308,520	925,560
4	7,644,440	308,520	1,234,080

第1回　ビジネス計算部門の解式

(1) $¥4,830,000 × 0.0435 × \dfrac{81}{365} = \underline{¥46,626}$

〈キー操作〉ラウンドセレクターをCUT, 小数点セレクターを0にセット
4,830,000 ✕ • 0435 ✕ 81 ÷ 365 ＝

(2) $0.4536kg × \dfrac{5,370lb}{/lb} = \underline{2,436kg}$

〈キー操作〉ラウンドセレクターを5/4, 小数点セレクターを0にセット
• 4536 ✕ 5,370 ＝

(3) $¥977,300 ÷ (1+0.45) = \underline{¥674,000}$

〈キー操作〉977,300 ÷ 1.45 ＝

(4) 2.5%, 14期の複利終価率…1.41297382
$¥6,240,000 × 1.41297382 = \underline{¥8,816,957}$

〈キー操作〉ラウンドセレクターを5/4, 小数点セレクターを0にセット
6,240,000 ✕ 1.41297382 ＝

(5) $\dfrac{¥411,600}{¥8,400} × 20袋 = \underline{980袋}$

〈キー操作〉411,600 ÷ 8,400 ✕ 20 ＝

(6) 5/20～7/15 (片落とし) …56日
$¥3,180,000 × 0.0263 × \dfrac{56}{365} = ¥12,831$ (利息)
$¥3,180,000 + ¥12,831 = \underline{¥3,192,831}$

〈キー操作〉ラウンドセレクターをCUT, 小数点セレクターを0にセット
3,180,000 M+ ✕ • 0263 ✕ 56 ÷ 365 M+ MR

(7) $¥63,500 × \dfrac{10m}{0.9144m} = \underline{¥694,444}$

〈キー操作〉63,500 ✕ 10 ÷ • 9144 ＝

(8) 耐用年数16年の定額法償却率…0.063
$¥5,980,000 × 0.063 = ¥376,740$ (毎期償却限度額)
$¥376,740 × 11 = ¥4,144,140$ (第11期末減価償却累計額)
$¥5,980,000 - ¥4,144,140 = \underline{¥1,835,860}$ (第12期首帳簿価額)

〈キー操作〉5,980,000 M+ ✕ • 063 ✕ 11 M- MR

(9) $¥375,300 - ¥278,000 = ¥97,300$ (増加額)
$¥97,300 ÷ ¥278,000 = 0.35$ 　3割5分(増加)

〈キー操作〉375,300 － 278,000 ÷ 278,000 ＝

(10) 8/3～10/20 (片落とし) …78日
$¥8,060,000 × 0.0051 × \dfrac{78}{365} = \underline{¥8,784}$

〈キー操作〉ラウンドセレクターをCUT, 小数点セレクターを0にセット
8,060,000 ✕ • 0051 ✕ 78 ÷ 365 ＝

(11) $¥9,100 × \dfrac{340m}{/m} + ¥76,000 = ¥3,170,000$

(諸掛込原価)

$¥3,170,000 × 0.18 = \underline{¥570,600}$

〈キー操作〉9,100 ✕ 340 ＋ 76,000 ✕ • 18 ＝

(12) 3.5%, 8期の複利現価率…0.75941156
$¥1,270,000 × 0.75941156 = \underline{¥964,500}$

(¥100未満切り上げ)

〈キー操作〉1,270,000 ✕ • 75941156 ＝

(/3) ¥825,600 ÷ ¥645,000 − 1 = 0.28　<u>28%</u>
　　または、¥825,600 − ¥645,000 = ¥180,600　（利益額）
　　¥180,600 ÷ ¥645,000 = 0.28　<u>28%</u>
〈キー操作〉825,600 ÷ 645,000 − 1 =
　　または、825,600 − 645,000 ÷ 645,000 =
(/4) 3/5〜5/29（片落とし）…85日

$$¥59,568 ÷ \left(0.0438 × \frac{85}{365}\right) = ¥5,840,000$$

〈キー操作〉・ 0438 × 85 ÷ 365 M+ 59,568 ÷ MR =
(/5) £/6.35 × $\frac{60\text{kg}}{10\text{kg}}$ = £98.10

$$¥183 × \frac{£98.10}{£/} = ¥/7,952$$

〈キー操作〉16.35 × 60 ÷ 10 × 183 =
(/6) 11/10〜翌2/8（両端入れ）…91日

$$¥7,460,000 × 0.0375 × \frac{9/}{365} = ¥69,745　（割引料）$$

$$¥7,460,000 − ¥69,745 = ¥7,390,255$$

〈キー操作〉ラウンドセレクターをCUT，小数点セレクターを0にセット
　　7,460,000 M+ × ・ 0375 × 91 ÷ 365 M− MR
(/7) ¥48,384 ÷（¥3,840,000 × 0.0189 ÷ 12）= 8
　　　　　　　　　　　　　　　　　　<u>8か月</u>（間）
〈キー操作〉3,840,000 × ・ 0189 ÷ 12 M+ 48,384 ÷ MR =
(/8) ¥240,000 ×（/ + 0.36）= ¥326,400　（予定売価）
　　¥326,400 × 0./5 = ¥48,960
〈キー操作〉240,000 × 1.36 × ・ 15 =
(/9) ¥7,130,000 ×（/ + 0.024）= ¥7,30/,/20
〈キー操作〉7,130,000 × 1.024 =
(20) 耐用年数28年の定額法償却率…0.036

¥8,570,000	（第1期首帳簿価額）
¥8,570,000 × 0.036 = ¥308,520	（毎期償却限度額）
¥8,570,000 − ¥308,520 = ¥8,26/,480	（第2期首帳簿価額）
¥8,26/,480 − ¥308,520 = ¥7,952,960	（第3期首帳簿価額）
¥7,952,960 − ¥308,520 = ¥7,644,440	（第4期首帳簿価額）
¥308,520	（第1期末減価償却累計額）
¥308,520 + ¥308,520 = ¥6/7,040	（第2期末減価償却累計額）
¥6/7,040 + ¥308,520 = ¥925,560	（第3期末減価償却累計額）
¥925,560 + ¥308,520 = ¥/,234,080	（第4期末減価償却累計額）

〈キー操作〉[　] は電卓の表示窓の数字

8,570,000 [8,570,000]	（第1期首帳簿価額）
× ・ 036 M+ [308,520]	（毎期償却限度額）
− − 8,570,000 = [8,261,480]	（第2期首帳簿価額）
= [7,952,960]	（第3期首帳簿価額）
= [7,644,440]	（第4期首帳簿価額）
MR [308,520]	（第1期末減価償却累計額）
+ + = [617,040]	（第2期末減価償却累計額）
= [925,560]	（第3期末減価償却累計額）
= [1,234,080]	（第4期末減価償却累計額）

第2級　第2回　普通計算部門

(A)乗算問題　　□ 珠算・電卓採点箇所　　● 電卓のみ採点箇所

No.	答え
1	¥3,639,384
2	¥9,544,920
3	¥63,939
4	¥45,106
5	¥131,206,032

	¥13,248,243	●	2.52%	●	9.17%
			6.61%		
			0.04%		
●	¥131,251,138		0.03%		90.83%
		●	90.80%(90.8%)		
●	¥144,499,381				

No.	答え
6	$3,549.41
7	$8,703.98
8	$54,626.40
9	$76,170.97
10	$214.54

●	$66,879.79	●	2.48%		46.68%
			6.08%		
			38.13%		
	$76,385.51	●	53.17%	●	53.32%
			0.15%		
●	$143,265.30				

珠算各10点，100点満点　　　　電卓各5点，100点満点

(B)除算問題

No.	答え
1	¥640
2	¥351
3	¥43,469
4	¥7,107
5	¥82

●	¥44,460	●	1.24%		86.08%
			0.68%		
			84.16%		
	¥7,189	●	13.76%	●	13.92%
			0.16%		
●	¥51,649				

No.	答え
6	€0.56
7	€1.24
8	€93.15
9	€26.88
10	€795.03

	€94.95		0.06%	●	10.36%
			0.14%		
		●	10.16%		
●	€821.91		2.93%		89.64%
		●	86.71%		
●	€916.86				

珠算各10点，100点満点　　　　電卓各5点，100点満点

(C)見取算問題

No.	1	2	3	4	5
計	¥169,994,604	¥744,106	¥917,452	¥51,733,763	¥28,167

小計	¥171,656,162			● ¥51,761,930	
合計		● ¥223,418,092			

答え比率	● 76.09%	0.33%	0.41%	● 23.16%	0.01%
小計比率	● 76.83%			23.17%	

No.	6	7	8	9	10
計	£3,355,970.90	£5,420,019.44	£8,058.09	£129,482.92	£531,628.72

小計	● £8,784,048.43			£661,111.64	
合計		● £9,445,160.07			

答え比率	35.53%	● 57.38%	0.09%	1.37%	● 5.63%
小計比率	93.00%(93%)			● 7.00%(7%)	

珠算各10点，100点満点　　　電卓各5点，100点満点

(1)	¥72,458	(11)	7/5個
(2)	¥918,720	(12)	¥3,046,800
(3)	¥6,271,282	(13)	¥8,345,208
(4)	¥1,264,960	(14)	¥685,000
(5)	¥516,000	(15)	¥8,433,081
(6)	¥14,946	(16)	¥246,760
(7)	3.42%	(17)	¥9,150,000
(8)	5割4分(減少)	(18)	¥37,963
(9)	¥605,917	(19)	¥4,506,936
(10)	¥44,676		

(20)

減 価 償 却 計 算 表

期数	期首帳簿価額	償却限度額	減価償却累計額
1	7,150,000	278,850	278,850
2	6,871,150	278,850	557,700
3	6,592,300	278,850	836,550
4	6,313,450	278,850	1,115,400

第2回　ビジネス計算部門の解式

(1) $¥136 \times \dfrac{\$532.78}{\$1} = ¥72,458$

〈キー操作〉ラウンドセレクターを5/4, 小数点セレクターを0にセット
136 × 532.78 =

(2) ¥720,000×(1+0.45)＝¥1,044,000（予定売価）
¥1,044,000×(1−0.12)＝¥918,720

〈キー操作〉720,000 × 1.45 M+ 1 − · 12 × MR =

(3) 5.5%，11期の複利終価率…1.80209240
¥3,480,000×1.80209240＝¥6,271,282

〈キー操作〉ラウンドセレクターを5/4, 小数点セレクターを0にセット
3,480,000 × 1.8020924 =

(4) 耐用年数17年の定額法償却率…0.059
¥2,680,000×0.059＝¥158,120（毎期償却限度額）
¥158,120×8＝¥1,264,960（第8期末減価償却累計額）

〈キー操作〉2,680,000 × · 059 × 8 =

(5) ¥650,160÷(1+0.26)＝¥516,000

〈キー操作〉650,160 ÷ 1.26 =

(6) 2/10〜4/5（平年，両端入れ）…55日
$¥1,820,000 \times 0.0545 \times \dfrac{55}{365} = ¥14,946$

〈キー操作〉ラウンドセレクターをCUT, 小数点セレクターを0にセット
1,820,000 × · 0545 × 55 ÷ 365 =

(7) $¥126,198 \div \left(¥4,920,000 \times \dfrac{9}{12}\right) = 0.0342$　　3.42%

〈キー操作〉4,920,000 × 9 ÷ 12 M+ 126,198 ÷ MR %

(8) 1−430,560人÷936,000人＝0.54　　5割4分（減少）

〈キー操作〉1 M+ 430,560 ÷ 936,000 M− MR

(9) $€48.59 \times \dfrac{86L}{1L} = €4,178.74$

$¥145 \times \dfrac{€4,178.74}{€1} = ¥605,917$

〈キー操作〉48.59 × 86 × 145 =

(10) 6/6〜9/13（片落とし）…99日
$¥6,950,000 \times 0.0237 \times \dfrac{99}{365} = ¥44,676$

〈キー操作〉ラウンドセレクターをCUT, 小数点セレクターを0にセット
6,950,000 × · 0237 × 99 ÷ 365 =

(11) $\dfrac{¥514,800}{¥3,600} \times 5個 = 7/5個$

〈キー操作〉514,800 ÷ 3,600 × 5 =

(12) 4%，10期の複利現価率…0.67556417
¥4,510,000×0.67556417＝¥3,046,800
（¥100未満切り上げ）

〈キー操作〉4,510,000 × · 67556417 =

(13) 3/21〜5/9（片落とし）…49日
$¥8,330,000 \times 0.0136 \times \dfrac{49}{365} = ¥15,208$（利息）
¥8,330,000＋¥15,208＝¥8,345,208

〈キー操作〉ラウンドセレクターをCUT, 小数点セレクターを0にセット
8,330,000 M+ × · 0136 × 49 ÷ 365 M+ MR

(14) ¥589,100÷(1−0.14)＝¥685,000

〈キー操作〉1 − · 14 M+ 589,100 ÷ MR =

(/5) ¥8,470,000×0.0215×$\frac{74}{365}$＝¥36,9/9（割引料）

¥8,470,000−¥36,9/9＝¥8,433,08/

〈キー操作〉ラウンドセレクターをCUT，小数点セレクターを0にセット

8,470,000 [M+] [×] [・] 0215 [×] 74 [÷] 365 [M-] [MR]

(/6) ¥7,960,000×(0.0/6＋0.0/5)＝¥246,760

〈キー操作〉[・] 016 [＋] [・] 015 [×] 7,960,000 [＝]

(/7) 11/9～翌1/21（片落とし）…73日

¥93,5/3÷$\left(0.05//×\frac{73}{365}\right)$＝¥9,/50,000

〈キー操作〉[・] 0511 [×] 73 [÷] 365 [M+] 93,513 [÷] [MR] [＝]

(/8) $\frac{¥2,870}{/0\text{lb}}×\frac{60\text{kg}}{0.4536\text{kg}}$＝¥37,963

〈キー操作〉2,870 [÷] 10 [×] 60 [÷] [・] 4536 [＝]

(/9) ¥3,750×$\frac{840箱}{/箱}$＋¥92,400＝¥3,242,400（諸掛込原価）

¥3,242,400×(/＋0.39)＝¥4,506,936

〈キー操作〉3,750 [×] 840 [＋] 92,400 [×] 1.39 [＝]

(20) 耐用年数26年の定額法償却率…0.039

¥7,/50,000	（第1期首帳簿価額）
¥7,/50,000×0.039＝¥278,850	（毎期償却限度額）
¥7,/50,000−¥278,850＝¥6,87/,/50	（第2期首帳簿価額）
¥6,87/,/50−¥278,850＝¥6,592,300	（第3期首帳簿価額）
¥6,592,300−¥278,850＝¥6,3/3,450	（第4期首帳簿価額）
¥278,850	（第1期末減価償却累計額）
¥278,850＋¥278,850＝¥557,700	（第2期末減価償却累計額）
¥557,700＋¥278,850＝¥836,550	（第3期末減価償却累計額）
¥836,550＋¥278,850＝¥/,//5,400	（第4期末減価償却累計額）

〈キー操作〉[ ] は電卓の表示窓の数字

7,150,000 [7,150,000]	（第1期首帳簿価額）
[×] [・] 039 [M+] [278,850]	（毎期償却限度額）
[－] [－] 7,150,000 [＝] [6,871,150]	（第2期首帳簿価額）
[＝] [6,592,300]	（第3期首帳簿価額）
[＝] [6,313,450]	（第4期首帳簿価額）
[MR] [278,850]	（第1期末減価償却累計額）
[＋] [＋] [＝] [557,700]	（第2期末減価償却累計額）
[＝] [836,550]	（第3期末減価償却累計額）
[＝] [1,115,400]	（第4期末減価償却累計額）

第2級　第3回　普通計算部門

(A)乗算問題　　□ 珠算・電卓採点箇所　　● 電卓のみ採点箇所

No.	金額				
1	¥7,152,444			4.71%	
2	¥2,504,243		¥9,706,993	1.65%	● 6.39%
3	¥50,306			0.03%	
4	¥142,208,910	● ¥142,209,713		93.61%	93.61%
5	¥803			0.00%(0%)	
		● ¥151,916,706			

No.	金額				
6	€25,327.12			1.72%	
7	€309,965.25	● €335,391.93		● 21.01%	22.73%
8	€99.56			0.01%	
9	€1,139,361.60		€1,139,858.79	77.23%	● 77.27%
10	€497.19			0.03%	

珠算各10点，100点満点　　● €1,475,250.72　　電卓各5点，100点満点

(B)除算問題

No.	金額				
1	¥4,458			6.67%	
2	¥21	● ¥65,686		0.03%	98.34%
3	¥61,207			● 91.63%	
4	¥792		¥1,111	● 1.19%	● 1.66%
5	¥319			0.48%	
		● ¥66,797			

No.	金額				
6	£18.95			3.00%(3%)	
7	£96.36		£116.04	● 15.27%	● 18.39%
8	£0.73			0.12%	
9	£8.24	● £515.04		1.31%	81.61%
10	£506.80			● 80.31%	

珠算各10点，100点満点　　● £631.08　　電卓各5点，100点満点

(C)見取算問題

No.	1	2	3	4	5
計	¥112,955	¥69,622,178	¥21,495,685	¥3,737,310	¥48,391,517
小計		¥91,230,818		● ¥52,128,827	
合計			● ¥143,359,645		
答え比率	0.08%	48.56%	● 14.99%	2.61%	● 33.76%
小計比率		● 63.64%		36.36%	

No.	6	7	8	9	10
計	$500,851.86	$920,591.77	$160,901.06	$2,302,134.57	$606,633.06
小計		● $1,582,344.69		$2,908,767.63	
合計			● $4,491,112.32		
答え比率	11.15%	● 20.50%(20.5%)	3.58%	51.26%	● 13.51%
小計比率		35.23%		● 64.77%	

珠算各10点，100点満点　　電卓各5点，100点満点

第2級　第3回　ビジネス計算部門　　　　［5点×20］

(/)	10,728yd	(//)	¥6,341,300
(2)	¥200,250	(/2)	¥9,420,000
(3)	¥18,918	(/3)	430足
(4)	¥78,772	(/4)	¥6,153,235
(5)	¥8,418,479	(/5)	¥720,000
(6)	¥130,000	(/6)	¥9,350,730
(7)	3割2分	(/7)	¥21,495
(8)	¥5,257,000	(/8)	¥4,549,710
(9)	¥617,998	(/9)	¥636,180
(/0)	5.12%		

(20)

減 価 償 却 計 算 表

期数	期首帳簿価額	償却限度額	減価償却累計額
/	3,270,000	235,440	235,440
2	3,034,560	235,440	470,880
3	2,799,120	235,440	706,320
4	2,563,680	235,440	941,760

第3回　ビジネス計算部門の解式

(/) $1\text{yd} \times \dfrac{9,810\text{m}}{0.9144\text{m}} = 10,728\text{yd}$

〈キー操作〉 ラウンドセレクターを5/4，小数点セレクターを0にセット
9,810 ÷ · 9144 =

(2) ¥180,000 × (1 + 0.25) = ¥225,000 （予定売価）
¥225,000 × (1 − 0.11) = ¥200,250

〈キー操作〉 180,000 × 1.25 M+ 1 − · 11 × MR =

(3) ¥5,940,000 × 0.0125 × $\dfrac{93}{365}$ = ¥18,918

〈キー操作〉 ラウンドセレクターをCUT，小数点セレクターを0にセット
5,940,000 × · 0125 × 93 ÷ 365 =

(4) ¥2,690,000 × 0.0251 × $\dfrac{14}{12}$ = ¥78,772

〈キー操作〉 ラウンドセレクターをCUT，小数点セレクターを0にセット
2,690,000 × · 0251 × 14 ÷ 12 =

(5) 4.5%，15期の複利終価率…1.93528244
¥4,350,000 × 1.93528244 = ¥8,418,479

〈キー操作〉 ラウンドセレクターを5/4，小数点セレクターを0にセット
4,350,000 × 1.93528244 =

(6) ¥150,800 ÷ (1 + 0.16) = ¥130,000
〈キー操作〉 150,800 ÷ 1.16 =

(7) 1 − ¥319,600 ÷ ¥470,000 = 0.32　　3割2分
または，¥470,000 − ¥319,600 = ¥150,400 （利益額）
¥150,400 ÷ ¥470,000 = 0.32　　3割2分

〈キー操作〉 1 M+ 319,600 ÷ 470,000 M- MR
または，470,000 − 319,600 ÷ 470,000 =

(8) 耐用年数20年の定額法償却率…0.050
¥7,510,000 × 0.050 = ¥375,500　　（毎期償却限度額）
¥375,500 × 6 = ¥2,253,000　（第6期末減価償却累計）
¥7,510,000 − ¥2,253,000 = ¥5,257,000 （第7期首帳簿価額）

〈キー操作〉 7,510,000 M+ × · 05 × 6 M- MR

(9) £89.10 × $\dfrac{5,010\text{lb}}{10\text{lb}}$ = £4,544.10

¥136 × $\dfrac{£4,544.10}{£1}$ = ¥617,998

〈キー操作〉 89.1 × 510 ÷ 10 × 136 =

(/0) ¥454,784 ÷ $\left(¥6,270,000 \times \dfrac{17}{12}\right)$ = 0.0512　　5.12%

〈キー操作〉 6,270,000 × 17 ÷ 12 M+ 454,784 ÷ MR %

(//) 2.5%，14期の複利現価率…0.70772720
¥8,960,000 × 0.70772720 = ¥6,341,300
（¥100未満切り上げ）

〈キー操作〉 8,960,000 × · 7077272 =

(/2) ¥262,818 ÷ $\left(0.0465 \times \dfrac{219}{365}\right)$ = ¥9,420,000

〈キー操作〉 · 0465 × 219 ÷ 365 M+ 262,818 ÷ MR =
または，262,818 × 365 ÷ 0465 ÷ 219 =

(/3) $\dfrac{¥356,900}{¥4,150}$ × 5足 = 430足

〈キー操作〉 356,900 ÷ 4,150 × 5 =

(14) 6/15〜8/7（片落とし）…53日

$¥6,120,000×0.0374×\dfrac{53}{365}=¥33,235$（利息）

$¥6,120,000+¥33,235=\underset{\sim\sim\sim\sim}{¥6,153,235}$

〈キー操作〉ラウンドセレクターをCUT，小数点セレクターを0にセット
　6,120,000 M+ × ・ 0374 × 53 ÷ 365 M+ MR

(15) $¥583,200÷(1-0.19)=\underset{\sim\sim\sim\sim}{¥720,000}$

〈キー操作〉1 − ・ 19 M+ 583,200 ÷ MR =

(16) $¥9,630,000×(1-0.029)=\underset{\sim\sim\sim\sim}{¥9,350,730}$

〈キー操作〉1 − ・ 029 × 9,630,000 =

(17) $¥390,000×\dfrac{50\text{kg}}{907.2\text{kg}}=\underset{\sim\sim\sim\sim}{¥21,495}$

〈キー操作〉390,000 × 50 ÷ 907.2 =

(18) 3/4〜5/10（両端入れ）…68日

$¥4,580,000×0.0355×\dfrac{68}{365}=¥30,290$（割引料）

$¥4,580,000-¥30,290=\underset{\sim\sim\sim\sim}{¥4,549,710}$

〈キー操作〉ラウンドセレクターをCUT，小数点セレクターを0にセット
　4,580,000 M+ × ・ 0355 × 68 ÷ 365 M− MR

(19) $¥2,800×\dfrac{3,140冊}{20冊}+¥21,400=¥461,000$

（諸掛込原価）

$¥461,000×(1+0.38)=\underset{\sim\sim\sim\sim}{¥636,180}$

〈キー操作〉2,800 × 3,140 ÷ 20 + 21,400 × 1.38 =

(20) 耐用年数14年の定額法償却率…0.072

$¥3,270,000$	（第1期首帳簿価額）
$¥3,270,000×0.072=¥235,440$	（毎期償却限度額）
$¥3,270,000-¥235,440=¥3,034,560$	（第2期首帳簿価額）
$¥3,034,560-¥235,440=¥2,799,120$	（第3期首帳簿価額）
$¥2,799,120-¥235,440=¥2,563,680$	（第4期首帳簿価額）
$¥235,440$	（第1期末減価償却累計額）
$¥235,440+¥235,440=¥470,880$	（第2期末減価償却累計額）
$¥470,880+¥235,440=¥706,320$	（第3期末減価償却累計額）
$¥706,320+¥235,440=¥941,760$	（第4期末減価償却累計額）

〈キー操作〉[ ]は電卓の表示窓の数字

3,270,000 [3,270,000]	（第1期首帳簿価額）
× ・ 072 M+ [235,440]	（毎期償却限度額）
− − 3,270,000 = [3,034,560]	（第2期首帳簿価額）
= [2,799,120]	（第3期首帳簿価額）
= [2,563,680]	（第4期首帳簿価額）
MR [235,440]	（第1期末減価償却累計額）
+ + = [470,880]	（第2期末減価償却累計額）
= [706,320]	（第3期末減価償却累計額）
= [941,760]	（第4期末減価償却累計額）

第2級　第4回　普通計算部門

(A) 乗算問題　　[　　　]　珠算・電卓採点箇所　　● 電卓のみ採点箇所

1	¥7,337,472
2	¥9,585,906
3	¥53
4	¥45,474,259
5	¥899,980

●	¥16,923,431	●	11.59%	26.74%
		●	15.14%	
			0.00%(0%)	
	¥46,374,239		71.84%	● 73.26%
		●	1.42%	
●	¥63,297,670			

6	£206,709.44
7	£13,392.27
8	£64.43
9	£19,467.40
10	£52,378.46

	£220,166.14		70.79%	● 75.40%
		●	4.59%	(75.4%)
			0.02%	
●	£71,845.86		6.67%	24.60%
		●	17.94%	(24.6%)
●	£292,012.00 (£292,012)			

珠算各10点，100点満点　　　　　　電卓各5点，100点満点

(B) 除算問題

1	¥549
2	¥231
3	¥7,760
4	¥80,594
5	¥63

	¥8,540	●	0.62%	● 9.57%
			0.26%	
			8.70%(8.7%)	
●	¥80,657	●	90.36%	90.43%
			0.07%	
●	¥89,197			

6	$30.75
7	$0.86
8	$9.57
9	$402.12
10	$19.68

	$41.18	●	6.64%	8.89%
		●	0.19%	
			2.07%	
	$421.80		86.85%	● 91.11%
		●	4.25%	
●	$462.98			

珠算各10点，100点満点　　　　　　電卓各5点，100点満点

(C) 見取算問題

No.	1	2	3	4	5
計	¥3,307,669	¥226,598,664	¥446,449	¥15,606,832	¥726,180
小計		¥230,352,782		● ¥16,333,012	
合計			● ¥246,685,794		
答え比率	● 1.34%	91.86%	0.18%	● 6.33%	0.29%
小計比率		● 93.38%		6.62%	

No.	6	7	8	9	10
計	€2,885,625.45	€87,151.47	€30,111.55	€5,803,035.25	€799,090.89
小計		● €3,002,888.47		€6,602,126.14	
合計			● €9,605,014.61		
答え比率	● 30.04%	0.91%	0.31%	60.42%	● 8.32%
小計比率		31.26%		● 68.74%	

珠算各10点，100点満点　　　電卓各5点，100点満点

第2級　第4回　ビジネス計算部門　[5点×20]

(1)	£571.29	(11)	¥72,078
(2)	¥17,144	(12)	¥295,020
(3)	¥468,160	(13)	¥5,185,552
(4)	¥2,118,300	(14)	4割2分
(5)	¥855,206	(15)	¥2,648,321
(6)	¥3,240,160	(16)	¥8,577,360
(7)	980枚	(17)	6.15%
(8)	¥2,475,722	(18)	¥310,000
(9)	132,342人	(19)	¥724,282
(10)	¥9,740,000		

(20)

減 価 償 却 計 算 表

期数	期 首 帳 簿 価 額	償 却 限 度 額	減 価 償 却 累 計 額
1	4,680,000	224,640	224,640
2	4,455,360	224,640	449,280
3	4,230,720	224,640	673,920
4	4,006,080	224,640	898,560

第4回　ビジネス計算部門の解式

(1) $£1 \times \frac{¥79,410}{¥139} = £571.29$

〈キー操作〉ラウンドセレクターを5/4, 小数点セレクターを2にセット
79,410 ÷ 139 =

(2) 3/27～5/23（片落とし）…57日

$¥5,130,000 \times 0.0214 \times \frac{57}{365} = ¥17,144$

〈キー操作〉ラウンドセレクターをCUT, 小数点セレクターを0にセット
5,130,000 × . 0214 × 57 ÷ 365 =

(3) ¥380,000 + ¥152,000 = ¥532,000（予定売価）

$¥532,000 \times (1-0.12) = ¥468,160$

〈キー操作〉1 − . 12 M+ 380,000 + 152,000 × MR =

(4) 6.5%, 12期の複利現価率…0.46968285

$¥4,510,000 \times 0.46968285 = ¥2,118,300$
（¥100未満切り上げ）

〈キー操作〉4,510,000 × . 46968285 =

(5) $¥78,200 \times \frac{10m}{0.9144m} = ¥855,206$

〈キー操作〉78,200 × 10 ÷ . 9144 =

(6) 耐用年数18年の定額法償却率…0.056

$¥5,260,000 \times 0.056 = ¥294,560$　（毎期償却限度額）

$¥294,560 \times 11 = ¥3,240,160$　（第11期末減価償却累計額）

〈キー操作〉5,260,000 × . 056 × 11 =

(7) $\frac{¥404,250}{¥8,250} \times 20枚 = 980枚$

〈キー操作〉404,250 ÷ 8,250 × 20 =

(8) 4/18～6/2（両端入れ）…46日

$¥2,490,000 \times 0.0455 \times \frac{46}{365} = ¥14,278$（割引料）

$¥2,490,000 - ¥14,278 = ¥2,475,722$

〈キー操作〉ラウンドセレクターをCUT, 小数点セレクターを0にセット
2,490,000 M+ × . 0455 × 46 ÷ 365 M− MR

(9) $143,850人 \times (1-0.08) = 132,342人$

〈キー操作〉1 − . 08 × 143,850 =

(10) $¥322,881 ÷ \left(0.0442 \times \frac{9}{12}\right) = ¥9,740,000$

〈キー操作〉. 0442 × 9 ÷ 12 M+ 322,881 ÷ MR =
または、322,881 × 12 ÷ . 0442 ÷ 9 =

(11) $¥8,640,000 \times 0.0525 \times \frac{58}{365} = ¥72,078$

〈キー操作〉ラウンドセレクターをCUT, 小数点セレクターを0にセット
8,640,000 × . 0525 × 58 ÷ 365 =

(12) $¥1,600 \times \frac{530冊}{1冊} + ¥46,000 = ¥894,000$（諸掛込原価）

$¥894,000 \times 0.33 = ¥295,020$

〈キー操作〉1,600 × 530 + 46,000 × . 33 =

(13) 2%, 14期の複利終価率…1.31947876

$¥3,930,000 \times 1.31947876 = ¥5,185,552$

〈キー操作〉ラウンドセレクターを5/4, 小数点セレクターを0にセット
3,930,000 × 1.31947876 =

(14) $¥871,880 ÷ ¥614,000 - 1 = 0.42$　4割2分

または、$¥871,880 - ¥614,000 = ¥257,880$（利益額）

$¥257,880 ÷ ¥614,000 = 0.42$　4割2分

〈キー操作〉871,880 ÷ 614,000 − 1 =
または、871,880 − 614,000 ÷ 614,000 =

- 16 -

(/5) ¥2,510,000×0.0389×$\frac{17}{12}$=¥138,321（利息）

¥2,510,000＋¥138,321＝¥2,648,321

〈キー操作〉 ラウンドセレクターをCUT，小数点セレクターを0にセット

2,510,000 [M+] [×] [・] 0389 [×] 17 [÷] 12 [M+] [MR]

(/6) ¥8,360,000×(/＋0.026)＝¥8,577,360

〈キー操作〉 1 [＋] [・] 026 [×] 8,360,000 [＝]

または，8,360,000 [×] 1.026 [＝]

(/7) ¥129,519÷$\left(¥9,490,000×\frac{81}{365}\right)$＝0.0615　6.15%

〈キー操作〉 9,490,000 [×] 81 [÷] 365 [M+] 129,519 [÷] [MR] [%]

(/8) ¥421,600÷(/＋0.36)＝¥310,000

〈キー操作〉 421,600 [÷] 1.36 [＝]

(/9) $95.10×$\frac{680L}{10L}$＝$6,466.80

¥112×$\frac{\$6,466.80}{\$1}$＝¥724,282

〈キー操作〉 95.1 [×] 680 [÷] 10 [×] 112 [＝]

(20) 耐用年数21年の定額法償却率…0.048

¥4,680,000　　　　　　　　　　　　　（第1期首帳簿価額）

¥4,680,000×0.048＝¥224,640　　　　　（毎期償却限度額）

¥4,680,000－¥224,640＝¥4,455,360（第2期首帳簿価額）

¥4,455,360－¥224,640＝¥4,230,720（第3期首帳簿価額）

¥4,230,720－¥224,640＝¥4,006,080（第4期首帳簿価額）

¥224,640　　　　　　　　　　　　　（第1期末減価償却累計額）

¥224,640＋¥224,640＝¥449,280（第2期末減価償却累計額）

¥449,280＋¥224,640＝¥673,920（第3期末減価償却累計額）

¥673,920＋¥224,640＝¥898,560（第4期末減価償却累計額）

〈キー操作〉 [　] は電卓の表示窓の数字

4,680,000 [4,680,000]　　　　　　　（第1期首帳簿価額）

[×] [・] 048 [M+] [224,640]　　　　　（毎期償却限度額）

[－] [－] 4,680,000 [＝] [4,455,360]　（第2期首帳簿価額）

[＝] [4,230,720]　　　　　　　　　　（第3期首帳簿価額）

[＝] [4,006,080]　　　　　　　　　　（第4期首帳簿価額）

[MR] [224,640]　　　　　　　　　　　（第1期末減価償却累計額）

[＋] [＋] [＝] [449,280]　　　　　　　（第2期末減価償却累計額）

[＝] [673,920]　　　　　　　　　　　（第3期末減価償却累計額）

[＝] [898,560]　　　　　　　　　　　（第4期末減価償却累計額）

第2級　第5回　普通計算部門

(A) 乗算問題　　　□□□□ 珠算・電卓採点箇所　　● 電卓のみ採点箇所

1	¥6,731,777
2	¥7,974,120
3	¥438,904
4	¥852
5	¥92,427,495

●	¥15,144,801		6.26%		14.08%
		●	7.41%		
			0.41%		
	¥92,428,347		0.00%(0%)	●	85.92%
		●	85.92%		
●	¥107,573,148				

6	$40.67
7	$3,694.95
8	$6,139,651.20
9	$2,777,886.36
10	$12.81

珠算各10点，100点満点

	$6,143,386.82		0.00%(0%)	●	68.86%
			0.04%		
		●	68.82%		
●	$2,777,899.17	●	31.14%		31.14%
			0.00%(0%)		
●	$8,921,285.99				

電卓各5点，100点満点

(B) 除算問題

1	¥9,342
2	¥564
3	¥328
4	¥71
5	¥45,950

	¥10,234	●	16.61%		18.19%
			1.00%(1%)	●	
			0.58%		
●	¥46,021		0.13%		81.81%
		●	81.68%		
●	¥56,255				

6	€608.17
7	€0.86
8	€2.19
9	€18.33
10	€40.75

珠算各10点，100点満点

●	€611.22		90.73%		91.19%
			0.13%		
		●	0.33%		
	€59.08	●	2.73%	●	8.81%
			6.08%		
●	€670.30				

電卓各5点，100点満点

(C) 見取算問題

No.	1	2	3	4	5
計	¥50,121,522	¥1,849,609	¥333,808	¥74,968,940	¥970,137
小計	● ¥52,304,939			¥75,939,077	
合計	● ¥128,244,016				
答え比率	● 39.08%	1.44%	0.26%	58.46%	● 0.76%
小計比率	40.79%			● 59.21%	

No.	6	7	8	9	10
計	£277,886.23	£3,265,389.32	£407,211.06	£87,579.21	£148,287.18
小計	£3,950,486.61			● £235,866.39	
合計	● £4,186,353.00(£4,186,353)				
答え比率	6.64%	●78.00%(78%)	9.73%	2.09%	● 3.54%
小計比率	● 94.37%			5.63%	

珠算各10点，100点満点　　電卓各5点，100点満点

(/)	¥28,192	(//)	920本
(2)	¥3,696,005	(/2)	¥2,558,600
(3)	¥732,780	(/3)	¥5,310,611
(4)	¥57,420	(/4)	¥876,000
(5)	2割/分	(/5)	¥5,162,806
(6)	¥66,836	(/6)	¥337,440
(7)	2.45%	(/7)	¥5,940,000
(8)	465,000人	(/8)	¥749,802
(9)	¥896,108	(/9)	¥671,880
(/0)	/年2か月（間）		

(20)

減 価 償 却 計 算 表

期数	期 首 帳 簿 価 額	償 却 限 度 額	減 価 償 却 累 計 額
/	9,420,000	414,480	414,480
2	9,005,520	414,480	828,960
3	8,591,040	414,480	1,243,440
4	8,176,560	414,480	1,657,920

第5回　ビジネス計算部門の解式

(/) $¥129 \times \dfrac{€218.54}{€/} = \underline{¥28,192}$

〈キー操作〉ラウンドセレクターを5/4，小数点セレクターを0にセット
218.54 ✕ 129 =

(2) 6.5％，13期の複利終価率…2.26748750
$¥1,630,000 \times 2.26748750 = \underline{¥3,696,005}$

〈キー操作〉ラウンドセレクターを5/4，小数点セレクターを0にセット
1,630,000 ✕ 2.2674875 =

(3) $¥590,000 \times (/+0.35) = ¥796,500$ （予定売価）
$¥796,500 \times (/-0.08) = \underline{¥732,780}$

〈キー操作〉590,000 ✕ 1.35 M+ 1 − . 08 ✕ MR =

(4) 耐用年数31年の定額法償却率…0.033
$¥1,740,000 \times 0.033 = \underline{¥57,420}$ （毎期償却限度額）

〈キー操作〉1,740,000 ✕ . 033 =

(5) $/-¥600,400 \div ¥760,000 = 0.2/$　　2割/分
または，$¥760,000 - ¥600,400 = ¥159,600$ （利益額）
$¥159,600 \div ¥760,000 = 0.2/$　　2割/分

〈キー操作〉1 M+ 600,400 ÷ 760,000 M- MR
または，760,000 − 600,400 ÷ 760,000 =

(6) 1/20～3/21（平年，両端入れ）…61日
$¥9,410,000 \times 0.0425 \times \dfrac{6/}{365} = \underline{¥66,836}$

〈キー操作〉ラウンドセレクターをCUT，小数点セレクターを0にセット
9,410,000 ✕ . 0425 ✕ 61 ÷ 365 =

(7) $¥38,808 \div \left(¥7,920,000 \times \dfrac{73}{365}\right) = 0.0245$　　2.45%

〈キー操作〉7,920,000 ✕ 73 ÷ 365 M+ 38,808 ÷ MR %

(8) $623,100人 \div (/+0.34) = \underline{465,000人}$

〈キー操作〉623,100 ÷ 1.34 =

(9) $\$873.40 \times \dfrac{90m}{/0m} = \$7,860.60$

$¥114 \times \dfrac{\$7,860.60}{\$/} = \underline{¥896,108}$

〈キー操作〉873.4 ✕ 90 ÷ 10 ✕ 114 =

(/0) $¥200,074 \div \left(¥4,610,000 \times 0.0372 \times \dfrac{/}{12}\right) = /4$

/年2か月（間）

〈キー操作〉4,610,000 ✕ . 0372 ÷ 12 M+ 200,074 ÷ MR =

(//) $\dfrac{¥758,080}{¥8,240} \times /0本 = \underline{920本}$

〈キー操作〉758,080 ÷ 8,240 ✕ 10 =

(/2) 3％，14期の複利現価率…0.66111781
$¥3,870,000 \times 0.66111781 = \underline{¥2,558,600}$

〈キー操作〉3,870,000 ✕ . 66111781 =

(/3) 5/9～7/28（片落とし）…80日
$¥5,260,000 \times 0.0439 \times \dfrac{80}{365} = ¥50,611$ （利息）
$¥5,260,000 + ¥50,611 = \underline{¥5,310,611}$

〈キー操作〉ラウンドセレクターをCUT，小数点セレクターを0にセット
5,260,000 M+ ✕ . 0439 ✕ 80 ÷ 365 M+ MR

(/4) ¥762,120÷(/-0./3)=¥876,000

〈キー操作〉1 ⊟ ・ 13 [M+] 762,120 ÷ [MR] ⊜

(/5) ¥5,/90,000×0.0255×$\frac{75}{365}$=¥27,/94 （割引料）

¥5,/90,000-¥27,/94=¥5,/62,806

〈キー操作〉ラウンドセレクターをCUT，小数点セレクターを0にセット

5,190,000 [M+] ✕ ・ 0255 ✕ 75 ÷ 365 [M-] [MR]

(/6) ¥9,/20,000×(0.0/9+0.0/8)=¥337,440

〈キー操作〉・ 019 ⊞ ・ 018 ✕ 9,120,000 ⊜

(/7) ¥/24,740÷$\left(0.0525×\frac{146}{365}\right)$=¥5,940,000

〈キー操作〉・ 0525 ✕ 146 ÷ 365 [M+] 124,740 ÷ [MR] ⊜

または，124,740 ✕ 365 ÷ ・ 0525 ÷ 146 ⊜

(/8) ¥94,600×$\frac{30L}{3.785L}$=¥749,802

〈キー操作〉94,600 ✕ 30 ÷ 3.785 ⊜

(/9) ¥380×$\frac{/,270袋}{/袋}$+¥26,400=¥509,000（諸掛込原価）

¥509,000×(/+0.32)=¥67/,880

〈キー操作〉380 ✕ 1,270 ⊞ 26,400 ✕ 1.32 ⊜

(20) 耐用年数23年の定額法償却率…0.044

¥9,420,000 　　　　　　　　　　　　　　　（第1期首帳簿価額）

¥9,420,000×0.044=¥4/4,480 　　　　　　　（毎期償却限度額）

¥9,420,000-¥4/4,480=¥9,005,520 　　　　（第2期首帳簿価額）

¥9,005,520-¥4/4,480=¥8,59/,040 　　　　（第3期首帳簿価額）

¥8,59/,040-¥4/4,480=¥8,/76,560 　　　　（第4期首帳簿価額）

¥4/4,480 　　　　　　　　　　　　　　　（第1期末減価償却累計額）

¥4/4,480+¥4/4,480=¥828,960 　　　　　（第2期末減価償却累計額）

¥828,960+¥4/4,480=¥/,243,440 　　　　（第3期末減価償却累計額）

¥/,243,440+¥4/4,480=¥/,657,920

　　　　　　　　　　　　　　　　　　　（第4期末減価償却累計額）

〈キー操作〉[ ]は電卓の表示窓の数字

9,420,000 [9,420,000] 　　　　　　　　（第1期首帳簿価額）

✕ ・ 044 [M+] [414,480] 　　　　　　　（毎期償却限度額）

⊟ ⊟ 9,420,000 ⊜ [9,005,520] 　　　　（第2期首帳簿価額）

⊜ [8,591,040] 　　　　　　　　　　　　（第3期首帳簿価額）

⊜ [8,176,560] 　　　　　　　　　　　　（第4期首帳簿価額）

[MR] [414,480] 　　　　　　　　　　　　（第1期末減価償却累計額）

⊞ ⊞ ⊜ [828,960] 　　　　　　　　　　（第2期末減価償却累計額）

⊜ [1,243,440] 　　　　　　　　　　　　（第3期末減価償却累計額）

⊜ [1,657,920] 　　　　　　　　　　　　（第4期末減価償却累計額）

第2級　第6回　普通計算部門

(A) 乗算問題　　☐☐☐ 珠算・電卓採点箇所　　● 電卓のみ採点箇所

1	¥4,680,858
2	¥5,154,507
3	¥240
4	¥695,942
5	¥2,669,707

			●		35.46%		
	¥9,835,605				39.05%	●	74.51%
					0.00%(0%)		
●	¥3,365,649				5.27%		25.49%
			●		20.22%		
●	¥13,201,254						

6	€0.72
7	€366,142.84
8	€11,967.93
9	€644,028.00(€644,028)
10	€38,131.92

				0.00%(0%)		
●	€378,111.49	●		34.53%		35.66%
				1.13%		
	€682,159.92			60.74%	●	64.34%
		●	3.60%(3.6%)			
●	€1,060,271.41					

珠算各10点，100点満点　　　　電卓各5点，100点満点

(B) 除算問題

1	¥72
2	¥2,351
3	¥58,474
4	¥109
5	¥816

			0.12%		98.50%
●	¥60,897		3.80%(3.8%)		(98.5%)
		●	94.58%		
	¥925	●	0.18%	●	1.50%
			1.32%		(1.5%)
●	¥61,822				

6	£0.78
7	£3.60
8	£99.15
9	£65.27
10	£429.03

			0.13%		
	£103.53	●	0.60%(0.6%)	●	17.32%
			16.58%		
			10.92%		82.68%
●	£494.30	●	71.76%		
●	£597.83				

珠算各10点，100点満点　　　　電卓各5点，100点満点

(C) 見取算問題

No.	1	2	3	4	5
計	¥207,523,729	¥17,581,380	¥864,134	¥23,280,695	¥433,548

小計	¥225,969,243			● ¥23,714,243	
合計	● ¥249,683,486				

答え比率	● 83.11%	7.04%	0.35%	● 9.32%	0.17%
小計比率	● 90.50%(90.5%)			9.50%(9.5%)	

No.	6	7	8	9	10
計	$71,933.98	$3,418,656.46	$419,354.20	$934,680.67	$400,736.10

小計	● $3,909,944.64			$1,335,416.77	
合計	● $5,245,361.41				

答え比率	1.37%	● 65.17%	7.99%	17.82%	● 7.64%
小計比率	74.54%			● 25.46%	

珠算各10点，100点満点　　　電卓各5点，100点満点

第2級　第6回　ビジネス計算部門　　[5点×20]

(/)	1,266 kg	(//)	38%
(2)	¥5,931,165	(/2)	¥166,530
(3)	¥465,000	(/3)	¥2,005,300
(4)	¥13,357	(/4)	//か月（間）
(5)	¥943,788	(/5)	¥36,341
(6)	¥6,205,403	(/6)	¥7,794,647
(7)	840個	(/7)	4.15%
(8)	¥3,062,720	(/8)	¥59,904
(9)	2割2分（増加）	(/9)	¥8,840,370
(/0)	¥6,620,000		

(20)

減 価 償 却 計 算 表

期数	期首帳簿価額	償却限度額	減価償却累計額
/	8,570,000	308,520	308,520
2	8,261,480	308,520	617,040
3	7,952,960	308,520	925,560
4	7,644,440	308,520	1,234,080

第6回　ビジネス計算部門の解式

(/) $0.4536\,kg \times \dfrac{2,790\,lb}{/lb} = /,266\,kg$

〈キー操作〉ラウンドセレクターを5/4，小数点セレクターを0にセット
・ 4536 × 2,790 =

(2) 3％，12期の複利終価率…1.42576089
¥4,160,000×1.42576089＝¥5,931,165

〈キー操作〉ラウンドセレクターを5/4，小数点セレクターを0にセット
4,160,000 × 1.42576089 =

(3) ¥576,600÷(/+0.24)＝¥465,000
〈キー操作〉576,600 ÷ 1.24 =

(4) $¥6,990,000 \times 0.0225 \times \dfrac{3/}{365} = ¥/3,357$

〈キー操作〉ラウンドセレクターをCUT，小数点セレクターを0にセット
6,990,000 × ・ 0225 × 31 ÷ 365 =

(5) $¥86,300 \times \dfrac{/0\,m}{0.9/44\,m} = ¥943,788$

〈キー操作〉86,300 × 10 ÷ ・ 9144 =

(6) 3/21～6/17（片落とし）…88日

$¥6,/70,000 \times 0.0238 \times \dfrac{88}{365} = ¥35,403$ （利息）

¥6,170,000＋¥35,403＝¥6,205,403

〈キー操作〉ラウンドセレクターをCUT，小数点セレクターを0にセット
6,170,000 M+ × ・ 0238 × 88 ÷ 365 M+ MR

(7) $\dfrac{¥20/,600}{¥7,200} \times 30個 = 840個$

〈キー操作〉201,600 ÷ 7,200 × 30 =

(8) 耐用年数27年の定額法償却率…0.038
¥5,630,000×0.038＝¥2/3,940 （毎期償却限度額）
¥2/3,940×12＝¥2,567,280 （第12期末減価償却累計額）
¥5,630,000−¥2,567,280＝¥3,062,720 （第13期首帳簿価額）

〈キー操作〉5,630,000 M+ × ・ 038 × 12 M- MR

(9) ¥347,700−¥285,000＝¥62,700 （増加額）
¥62,700÷¥285,000＝0.22　2割2分（増加）

〈キー操作〉347,700 − 285,000 ÷ 285,000 =

(/0) $¥309,485 \div \left(0.0374 \times \dfrac{/5}{/2}\right) = ¥6,620,000$

〈キー操作〉・ 0374 × 15 ÷ 12 M+ 309,485 ÷ MR
または，309,485 × 12 ÷ ・ 0374 ÷ 15 =

(//) ¥7/0,700÷¥5/5,000−/＝0.38　38%
または，¥7/0,700−¥5/5,000＝¥/95,700 （利益額）
¥/95,700÷¥5/5,000＝0.38　38%

〈キー操作〉710,700 ÷ 515,000 − 1 =
または，710,700 − 515,000 ÷ 515,000 %

(/2) $¥/,800 \times \dfrac{420\,m}{/m} + ¥37,000 = ¥793,000$ （諸掛込原価）
¥793,000×0.21＝¥/66,530

〈キー操作〉1,800 × 420 + 37,000 × ・ 21 =

(/3) 4.5％，9期の複利現価率…0.67290443
¥2,980,000×0.67290443＝¥2,005,300

〈キー操作〉2,980,000 × ・ 67290443 =

- 22 -

(14) ¥418,616÷(¥8,520,000×0.0536÷12)=11

　　　　　　　　　　　　　　　　　　　　11か月（間）

〈キー操作〉8,520,000 ⊠ • 0536 ÷ 12 M+ 418,616 ÷ MR =

(15) £40.65×$\frac{60\text{kg}}{10\text{kg}}$=£243.90

　¥149×$\frac{£243.90}{£1}$=¥36,341

〈キー操作〉40.65 ⊠ 60 ÷ 10 ⊠ 149 =

(16) 9/1〜10/11（両端入れ）…41日

　¥7,840,000×0.0515×$\frac{41}{365}$=¥45,353（割引料）

　¥7,840,000−¥45,353=¥7,794,647

〈キー操作〉ラウンドセレクターをCUT，小数点セレクターを0にセット
　7,840,000 M+ ⊠ • 0515 ⊠ 41 ÷ 365 M- MR

(17) ¥132,966÷(¥5,340,000×$\frac{219}{365}$)=0.0415　4.15%

〈キー操作〉5,340,000 ⊠ 219 ÷ 365 M+ 132,966 ÷ MR %

(18) ¥390,000×(1+0.28)=¥499,200（予定売価）

　¥499,200×0.12=¥59,904

〈キー操作〉390,000 ⊠ 1.28 ⊠ • 12 =

(19) ¥9,030,000×(1−0.021)=¥8,840,370

〈キー操作〉1 − • 021 ⊠ 9,030,000 =

(20) 耐用年数28年の定額法償却率…0.036

　¥8,570,000　　　　　　　　　　　（第1期首帳簿価額）

　¥8,570,000×0.036=¥308,520　　　 （毎期償却限度額）

　¥8,570,000−¥308,520=¥8,261,480　（第2期首帳簿価額）

　¥8,261,480−¥308,520=¥7,952,960　（第3期首帳簿価額）

　¥7,952,960−¥308,520=¥7,644,440　（第4期首帳簿価額）

　¥308,520　　　　　　　　　　　　（第1期末減価償却累計額）

　¥308,520+¥308,520=¥617,040　　 （第2期末減価償却累計額）

　¥617,040+¥308,520=¥925,560　　 （第3期末減価償却累計額）

　¥925,560+¥308,520=¥1,234,080　 （第4期末減価償却累計額）

〈キー操作〉［　］は電卓の表示窓の数字
　8,570,000 ［8,570,000］　　　　　　（第1期首帳簿価額）

　⊠ • 036 M+ ［308,520］　　　　　　 （毎期償却限度額）

　− − 8,570,000 = ［8,261,480］　　 （第2期首帳簿価額）

　= ［7,952,960］　　　　　　　　　　（第3期首帳簿価額）

　= ［7,644,440］　　　　　　　　　　（第4期首帳簿価額）

　MR ［308,520］　　　　　　　　　　 （第1期末減価償却累計額）

　+ + = ［617,040］　　　　　　　　　（第2期末減価償却累計額）

　= ［925,560］　　　　　　　　　　　（第3期末減価償却累計額）

　= ［1,234,080］　　　　　　　　　　（第4期末減価償却累計額）

第2級　第7回　普通計算部門

(A) 乗算問題　　[　　　] 珠算・電卓採点箇所　　● 電卓のみ採点箇所

No.	金額
1	¥2,302,420
2	¥15,495,772
3	¥782,812
4	¥97,882,760
5	¥2,133

● ¥18,581,004	1.98%	
	● 13.30%(13.3%)	15.95%
	0.67%	
¥97,884,893	● 84.04%	● 84.05%
	0.00%(0%)	
● ¥16,465,897		

珠算各10点，100点満点

No.	金額
6	£37,384.05
7	£8,569.20
8	£6,485.35
9	£1.88
10	£7,773,547.08

£52,438.60	● 0.48%	
	0.11%	● 0.67%
	0.08%	
● £7,773,548.96	0.00%(0%)	99.33%
	● 99.33%	
● £7,825,987.56		

電卓各5点，100点満点

(B) 除算問題

No.	金額
1	¥172
2	¥957
3	¥54,308
4	¥6,690
5	¥41

¥55,437	0.28%	
	● 1.54%	● 89.17%
	87.36%	
● ¥6,731	● 10.76%	10.83%
	0.07%	
● ¥62,168		

No.	金額
6	$2.04
7	$0.93
8	$78.25
9	$38.39
10	$814.06

● $81.22	0.22%	
	0.10%(0.1%)	8.70%(8.7%)
	● 8.38%	
$852.45	● 4.11%	● 91.30%(91.3%)
	87.19%	
● $933.67		

珠算各10点，100点満点　　電卓各5点，100点満点

(C) 見取算問題

No.	1	2	3	4	5
計	¥1,347,154	¥255,840,474	¥49,849,475	¥868,945	¥62,170
小計	¥307,037,103			● ¥931,115	
合計	● ¥307,968,218				
答え比率	0.44%	83.07%	● 16.19%	● 0.28%	0.02%
小計比率	● 99.70%(99.7%)			0.30%(0.3%)	

No.	6	7	8	9	10
計	€1,068,296.59	€88,112.09	€532,675.68	€72,101.65	€2,094,527.40
小計	● €1,689,084.36			€2,166,629.05	
合計	● €3,855,713.41				
答え比率	● 27.71%	2.29%	13.82%	● 1.87%	54.32%
小計比率	43.81%			● 56.19%	

珠算各10点，100点満点　　電卓各5点，100点満点

(/)	¥55,445	(//)	¥31,422
(2)	¥43,308	(/2)	¥877,652
(3)	3,160枚	(/3)	¥9,850,000
(4)	¥8,627,770	(/4)	¥288,420
(5)	/割3分	(/5)	¥4,255,300
(6)	¥901,530	(/6)	¥346,000
(7)	¥2,473,545	(/7)	¥1,876,151
(8)	¥7,081,035	(/8)	¥8,544,640
(9)	668,360台	(/9)	¥7,100,060
(/0)	2.25%		

(20)

減 価 償 却 計 算 表

期数	期 首 帳 簿 価 額	償 却 限 度 額	減 価 償 却 累 計 額
/	7,360,000	338,560	338,560
2	7,021,440	338,560	677,120
3	6,682,880	338,560	1,015,680
4	6,344,320	338,560	1,354,240

第7回　ビジネス計算部門の解式

(/) $¥117 \times \dfrac{\$473.89}{\$/} = ¥55,445$

〈キー操作〉ラウンドセレクターを5/4, 小数点セレクターを0にセット
117 ✕ 473.89 =

(2) $¥3,970,000 \times 0.0463 \times \dfrac{86}{365} = ¥43,308$

〈キー操作〉ラウンドセレクターをCUT, 小数点セレクターを0にセット
3,970,000 ✕ · 0463 ✕ 86 ÷ 365 =

(3) $\dfrac{¥581,440}{¥3,680} \times 20枚 = 3,160枚$

〈キー操作〉581,440 ÷ 3,680 ✕ 20 =

(4) 2.5%, 10期の複利終価率…/.28008454
$¥6,740,000 \times 1.28008454 = ¥8,627,770$

〈キー操作〉ラウンドセレクターを5/4, 小数点セレクターを0にセット
6,740,000 ✕ 1.28008454 =

(5) $¥937,900 \div ¥830,000 - / = 0./3$　　/割3分
または, $¥937,900 - ¥830,000 = ¥107,900$（利益額）
$¥107,900 \div ¥830,000 = 0./3$　　/割3分

〈キー操作〉937,900 ÷ 830,000 ─ 1 =
または, 937,900 ─ 830,000 ÷ 830,000 =

(6) 耐用年数19年の定額法償却率…0.053
$¥1,890,000 \times 0.053 = ¥100,170$　　（毎期償却限度額）
$¥100,170 \times 9 = ¥901,530$　　（第9期末減価償却累計額）

〈キー操作〉1,890,000 ✕ · 053 ✕ 9 =

(7) $¥37,400 \times \dfrac{30kg}{0.4536kg} = ¥2,473,545$

〈キー操作〉ラウンドセレクターを5/4, 小数点セレクターを0にセット
37,400 ✕ 30 ÷ 4536 =

(8) 2/18～5/10（うるう年, 両端入れ）…83日

$¥7,160,000 \times 0.0485 \times \dfrac{83}{365} = ¥78,965$（割引料）

$¥7,160,000 - ¥78,965 = ¥7,081,035$

〈キー操作〉ラウンドセレクターをCUT, 小数点セレクターを0にセット
7,160,000 M+ ✕ · 0485 ✕ 83 ÷ 365 M- MR

(9) $539,000台 \times (/ + 0.24) = 668,360台$

〈キー操作〉539,000 ✕ 1.24 =

(/0) $¥82,800 \div \left(¥2,760,000 \times \dfrac{16}{12}\right) = 0.0225$　　2.25%

〈キー操作〉2,760,000 ✕ 16 ÷ 12 M+ 82,800 ÷ MR %

(//) $¥6,620,000 \times 0.0275 \times \dfrac{63}{365} = ¥31,422$

〈キー操作〉ラウンドセレクターをCUT, 小数点セレクターを0にセット
6,620,000 ✕ · 0275 ✕ 63 ÷ 365 =

(/2) $€72.81 \times \dfrac{980L}{/0L} = €7,135.38$

$¥123 \times \dfrac{€7,135.38}{€/} = ¥877,652$

〈キー操作〉72.81 ✕ 980 ÷ 10 ✕ 123 =

(/3) $¥107,168 \div \left(0.0544 \times \dfrac{73}{365}\right) = ¥9,850,000$

〈キー操作〉· 0544 ✕ 73 ÷ 365 M+ 107,168 ÷ MR
または, 107,168 ✕ 365 ÷ · 0544 ÷ 73 =

(14) ¥230,000×(1+0.32)=¥303,600 （予定売価）

　¥303,600×(1-0.05)=¥288,420

〈キー操作〉230,000 ☒ 1.32 M+ 1 ⊟ ・ 05 ☒ MR ⹀

(15) 3.5%，12期の複利現価率…0.66178330

　¥6,430,000×0.66178330=¥4,255,300

〈キー操作〉6,430,000 ☒ ・ 6617833 ⹀

(16) ¥442,880÷(1+0.28)=¥346,000

〈キー操作〉442,880 ⹀ 1.28 ⹀

(17) 7/4～9/11（片落とし）…69日

　¥1,870,000×0.0174×$\frac{69}{365}$=¥6,151 （利息）

　¥1,870,000+¥6,151=¥1,876,151

〈キー操作〉ラウンドセレクターをCUT，小数点セレクターを0にセット

　1,870,000 M+ ☒ ・ 0174 ☒ 69 ⹀ 365 M+ MR

(18) ¥8,320,000×(1+0.027)=¥8,544,640

〈キー操作〉8,320,000 ☒ 1.027 ⹀

(19) ¥9,670×$\frac{620\text{kg}}{1\text{kg}}$+¥21,600=¥6,017,000

　　　　　　　　　　　　　　　　　（諸掛込原価）

　¥6,017,000×(1+0.18)=¥7,100,060

〈キー操作〉9,670 ☒ 620 ⊞ 21,600 ☒ 1.18 ⹀

(20) 耐用年数22年の定額法償却率…0.046

　¥7,360,000　　　　　　　　　　　　　（第1期首帳簿価額）

　¥7,360,000×0.046=¥338,560　　　　　（毎期償却限度額）

　¥7,360,000-¥338,560=¥7,021,440　　（第2期首帳簿価額）

　¥7,021,440-¥338,560=¥6,682,880　　（第3期首帳簿価額）

　¥6,682,880-¥338,560=¥6,344,320　　（第4期首帳簿価額）

　¥338,560　　　　　　　　　　　　　　（第1期末減価償却累計額）

　¥338,560+¥338,560=¥677,120　　　（第2期末減価償却累計額）

　¥677,120+¥338,560=¥1,015,680　　（第3期末減価償却累計額）

　¥1,015,680+¥338,560=¥1,354,240（第4期末減価償却累計額）

〈キー操作〉［　］は電卓の表示窓の数字

　7,360,000 ［7,360,000］　　　　　　（第1期首帳簿価額）

　☒ ・ 046 M+ ［338,560］　　　　　　（毎期償却限度額）

　⊟ ⊟ 7,360,000 ⹀ ［7,021,440］　　（第2期首帳簿価額）

　⹀ ［6,682,880］　　　　　　　　　　（第3期首帳簿価額）

　⹀ ［6,344,320］　　　　　　　　　　（第4期首帳簿価額）

　MR ［338,560］　　　　　　　　　　（第1期末減価償却累計額）

　⊞ ⊞ ⹀ ［677,120］　　　　　　　　（第2期末減価償却累計額）

　⹀ ［1,015,680］　　　　　　　　　　（第3期末減価償却累計額）

　⹀ ［1,354,240］　　　　　　　　　　（第4期末減価償却累計額）

第2級　第8回　普通計算部門

(A) 乗算問題　　[ ] 珠算・電卓採点箇所　　● 電卓のみ採点箇所

1	¥5,485,508
2	¥103,984
3	¥2,863,770
4	¥60,020,757
5	¥344

	¥8,453,262	●	8.01%	●	12.35%
			0.15%		
			4.18%		
●	¥60,021,101	●	87.65%		87.65%
			0.00%(0%)		
●	¥68,474,363				

6	$70,012.95
7	$4,106,436.18
8	$7.19
9	$5,602.04
10	$281,747.70

	$4,176,456.32		1.57%		93.56%
●		●	91.99%		
			0.00%(0%)		
	$287,349.74		0.13%	●	6.44%
		●	6.31%		
●	$4,463,806.06				

珠算各10点，100点満点　　　　　電卓各5点，100点満点

(B) 除算問題

1	¥736
2	¥241
3	¥4,978
4	¥54
5	¥35,060

●	¥5,955		1.79%		14.50%(14.5%)
			0.59%		
		●	12.12%		
	¥35,114	●	0.13%	●	85.50%(85.5%)
			85.37%		
●	¥41,069				

6	€0.93
7	€886.52
8	€61.07
9	€17.25
10	€4.09

	€948.52		0.10%(0.1%)	●	97.80%(97.8%)
			91.41%		
		●	6.30%(6.3%)		
●	€21.34	●	1.78%		2.20%(2.2%)
			0.42%		
●	€969.86				

珠算各10点，100点満点　　　　　電卓各5点，100点満点

(C) 見取算問題

No.	1	2	3	4	5
計	¥2,912,633	¥77,007,723	¥134,210	¥57,755,992	¥4,044,639

小計	● ¥80,054,566			¥61,800,631	
合計	● ¥141,855,197				

答え比率	2.05%	● 54.29%	0.09%	40.71%	● 2.85%
小計比率	56.43%			● 43.57%	

No.	6	7	8	9	10
計	£103,498.14	£2,691,624.87	£3,013,983.99	£557,415.45	£92,648.44

小計	£5,809,107.00(£5,809,107)			● £650,063.89	
合計	● £6,459,170.89				

答え比率	1.60%(1.6%)	41.67%	● 46.66%	8.63%	● 1.43%
小計比率	● 89.94%			10.06%	

珠算各10点，100点満点　　　電卓各5点，100点満点

- 27 -

第2級　第8回　ビジネス計算部門　　［5点×20］

(1)	¥14,011	(11)	1年1か月（間）
(2)	¥850,000	(12)	¥9,623,637
(3)	3.35%	(13)	720台
(4)	¥7,190,200	(14)	¥654,168
(5)	¥49,868	(15)	¥878,638
(6)	¥6,058,800	(16)	1,932kg
(7)	¥5,545,705	(17)	¥2,308,880
(8)	¥961,286	(18)	¥403,830
(9)	3割4分	(19)	¥9,250,000
(10)	560,920個		

(20)

減 価 償 却 計 算 表

期数	期 首 帳 簿 価 額	償 却 限 度 額	減 価 償 却 累 計 額
1	6,920,000	276,800	276,800
2	6,643,200	276,800	553,600
3	6,366,400	276,800	830,400
4	6,089,600	276,800	1,107,200

第8回　ビジネス計算部門の解式

(1) $¥3,510,000 \times 0.0235 \times \frac{62}{365} = ¥14,011$

〈キー操作〉ラウンドセレクターをCUT，小数点セレクターを0にセット
3,510,000 ✕ ・ 0235 ✕ 62 ÷ 365 =

(2) $¥714,000 \div (1-0.16) = ¥850,000$

〈キー操作〉1 − ・ 16 M+ 714,000 ÷ MR =

(3) $¥9,246 \div \left(¥2,190,000 \times \frac{46}{365}\right) = 0.0335$　　3.35%

〈キー操作〉2,190,000 ✕ 46 ÷ 365 M+ 9,246 ÷ MR %

(4) 2％，11期の複利現価率…0.80426304
$¥8,940,000 \times 0.80426304 = ¥7,190,200$
　　　　　　　　　　　　　（¥100未満切り上げ）

〈キー操作〉・ 80426304 ✕ 8,940,000 =

(5) $¥260,000 \times (1+0.37) = ¥356,200$（予定売価）
$¥356,200 \times 0.14 = ¥49,868$

〈キー操作〉260,000 ✕ 1.37 ✕ ・ 14 =

(6) 耐用年数32年の定額法償却率…0.032
$¥9,350,000 \times 0.032 = ¥299,200$（毎期償却限度額）
$¥299,200 \times 11 = ¥3,291,200$（第11期末減価償却累計）
$¥9,350,000 - ¥3,291,200 = ¥6,058,800$（第12期首帳簿価額）

〈キー操作〉9,350,000 M+ ✕ ・ 032 ✕ 11 M- MR

(7) 12/16～3/10（平年，片落とし）…84日

$¥5,480,000 \times 0.0521 \times \frac{84}{365} = ¥65,705$（利息）
$¥5,480,000 + ¥65,705 = ¥5,545,705$

〈キー操作〉ラウンドセレクターをCUT，小数点セレクターを0にセット
5,480,000 M+ ✕ ・ 0521 ✕ 84 ÷ 365 M+ MR

(8) $¥87,900 \times \frac{10m}{0.9144m} = ¥961,286$

〈キー操作〉ラウンドセレクターを5/4，小数点セレクターを0にセット
87,900 ✕ 10 ÷ ・ 9144 =

(9) $1 - (285,120 \div ¥432,000) = 0.34$　　3割4分
または，$¥432,000 - ¥285,120 = ¥146,880$（値引額）
$¥146,880 \div ¥432,000 = 0.34$　　3割4分

〈キー操作〉1 M+ 285,120 ÷ 432,000 M- MR
または，432,000 M+ − 285,120 ÷ MR =

(10) $758,000個 \times (1-0.26) = 560,920個$

〈キー操作〉1 − ・ 26 M+ 758,000 ✕ MR =

(11) $¥214,032 \div \left(¥6,720,000 \times 0.0294 \times \frac{1}{12}\right) = 13$
　　　　　　　　　　　　1年1か月（間）

〈キー操作〉6,720,000 ✕ ・ 0294 ÷ 12 M+ 214,032 ÷ MR =

(12) 6/1～8/15（両端入れ）…76日

$¥9,730,000 \times 0.0525 \times \frac{76}{365} = ¥106,363$（割引料）
$¥9,730,000 - ¥106,363 = ¥9,623,637$

〈キー操作〉ラウンドセレクターをCUT，小数点セレクターを0にセット
9,730,000 M+ ✕ ・ 0525 ✕ 76 ÷ 365 M- MR

(13) $\frac{¥734,400}{¥30,600} \times 30台 = 720台$

〈キー操作〉734,400 ÷ 30,600 ✕ 30 =

— 28 —

(14) 3.5%, 12期の複利終価率…1.51106866

$\yen 1,280,000 \times (1.51106866 - 1) = \yen 654,168$

〈キー操作〉 ラウンドセレクターを5/4, 小数点セレクターを0にセット

$1.51106866 \;\boxed{-}\; 1 \;\boxed{\times}\; 1,280,000 \;\boxed{=}$

(15) $£92.84 \times \dfrac{560\text{m}}{10\text{m}} = £5,199.04$

$\yen 169 \times \dfrac{£5,199.04}{£1} = \yen 878,638$

〈キー操作〉 $92.84 \;\boxed{\times}\; 560 \;\boxed{\div}\; 10 \;\boxed{\times}\; 169 \;\boxed{=}$

(16) $0.4536\text{kg} \times \dfrac{4,260\text{lb}}{1\text{lb}} = 1,932\text{kg}$

〈キー操作〉 ラウンドセレクターを5/4, 小数点セレクターを0にセット

$\boxed{\cdot}\; 4536 \;\boxed{\times}\; 4,260 \;\boxed{=}$

(17) $\yen 2,820 \times \dfrac{610\text{個}}{1\text{個}} + \yen 15,800 = \yen 1,736,000$（諸掛込原価）

$\yen 1,736,000 \times (1 + 0.33) = \yen 2,308,880$

〈キー操作〉 $2,820 \;\boxed{\times}\; 610 \;\boxed{+}\; 15,800 \;\boxed{\times}\; 1.33 \;\boxed{=}$

(18) $\yen 6,410,000 \times (0.032 + 0.031) = \yen 403,830$

〈キー操作〉 $\boxed{\cdot}\; 032 \;\boxed{+}\; 031 \;\boxed{\times}\; 6,410,000 \;\boxed{=}$

(19) $\yen 58,460 \div \left(0.0158 \times \dfrac{146}{365}\right) = \yen 9,250,000$

〈キー操作〉 $\boxed{\cdot}\; 0158 \;\boxed{\times}\; 146 \;\boxed{\div}\; 365 \;\boxed{M+}\; 58,460 \;\boxed{\div}\; \boxed{MR}\; \boxed{=}$

または, $58,460 \;\boxed{\times}\; 365 \;\boxed{\div}\; \boxed{\cdot}\; 0158 \;\boxed{\div}\; 146 \;\boxed{=}$

(20) 耐用年数25年の定額法償却率…0.040

$\yen 6,920,000$	（第1期首帳簿価額）
$\yen 6,920,000 \times 0.040 = \yen 276,800$	（毎期償却限度額）
$\yen 6,920,000 - \yen 276,800 = \yen 6,643,200$	（第2期首帳簿価額）
$\yen 6,643,200 - \yen 276,800 = \yen 6,366,400$	（第3期首帳簿価額）
$\yen 6,366,400 - \yen 276,800 = \yen 6,089,600$	（第4期首帳簿価額）
$\yen 276,800$	（第1期末減価償却累計額）
$\yen 276,800 + \yen 276,800 = \yen 553,600$	（第2期末減価償却累計額）
$\yen 553,600 + \yen 276,800 = \yen 830,400$	（第3期末減価償却累計額）
$\yen 830,400 + \yen 276,800 = \yen 1,107,200$	（第4期末減価償却累計額）

〈キー操作〉 [ ] は電卓の表示窓の数字

$6,920,000$ [6,920,000]	（第1期首帳簿価額）
$\boxed{\times}\; \boxed{\cdot}\; 04 \;\boxed{M+}$ [276,800]	（毎期償却限度額）
$\boxed{-}\;\boxed{-}\; 6,920,000 \;\boxed{=}$ [6,643,200]	（第2期首帳簿価額）
$\boxed{=}$ [6,366,400]	（第3期首帳簿価額）
$\boxed{=}$ [6,089,600]	（第4期首帳簿価額）
$\boxed{MR}$ [276,800]	（第1期末減価償却累計額）
$\boxed{+}\;\boxed{+}\;\boxed{=}$ [553,600]	（第2期末減価償却累計額）
$\boxed{=}$ [830,400]	（第3期末減価償却累計額）
$\boxed{=}$ [1,107,200]	（第4期末減価償却累計額）

第2級　第9回　普通計算部門

(A) 乗算問題　　□ 珠算・電卓採点箇所　　● 電卓のみ採点箇所

No.	金額					
1	¥923,832			0.27%		1.33%
2	¥3,718,780	●	¥4,642,630	● 1.07%		
3	¥18			0.00%(0%)		
4	¥24,898,907		¥343,227,047	● 7.16%	●	98.67%
5	¥318,328,140			91.51%		
		●	¥347,869,677			

No.	金額					
6	€357.72			0.05%		
7	€682.55		€233,575.31	● 0.09%	●	30.02%
8	€232,535.04			29.89%		
9	€542,451.00(€542,451)	●	€544,485.61	● 69.72%		69.98%
10	€2,034.61			0.26%		
		●	€778,060.92			

珠算各10点，100点満点　　電卓各5点，100点満点

(B) 除算問題

No.	金額					
1	¥649			● 3.83%		
2	¥43		¥6,602	0.25%	●	38.94%
3	¥5,910			34.86%		
4	¥8,067	●	¥10,351	● 47.58%		61.06%
5	¥2,284			13.47%		
		●	¥16,953			

No.	金額					
6	£0.16			0.01%		
7	£717.25	●	£1,077.72	● 65.72%		98.75%
8	£360.31			33.02%		
9	£4.08		£13.60	0.37%	●	1.25%
10	£9.52			● 0.87%		
		●	£1,091.32			

珠算各10点，100点満点　　電卓各5点，100点満点

(C) 見取算問題

No.	1	2	3	4	5
計	¥2,786,764	¥110,598	¥86,321,180	¥3,370,322	¥68,315,792
小計	● ¥89,218,542			¥71,686,114	
合計	● ¥160,904,656				
答え比率	1.73%	0.07%	● 53.65%	● 2.09%	42.46%
小計比率	55.45%			● 44.55%	

No.	6	7	8	9	10
計	$5,404,086.97	$44,972.06	$3,153,385.68	$269,639.07	$103,340.45
小計	$8,602,444.71			● $372,979.52	
合計	● $8,975,424.23				
答え比率	● 60.21%	0.50%(0.5%)	35.13%	3.00%(3%)	● 1.15%
小計比率	● 95.84%			4.16%	

珠算各10点，100点満点　　電卓各5点，100点満点

(1)	9,875yd	(11)	¥2,447,628
(2)	¥13,736	(12)	¥6,337,700
(3)	¥73,775	(13)	780個
(4)	¥58,050	(14)	1.68%
(5)	¥6,426,300	(15)	¥566,400
(6)	¥473,243	(16)	¥4,029,516
(7)	¥3,810,000	(17)	3割1分
(8)	¥803,000	(18)	¥4,606,720
(9)	¥3,114,720	(19)	¥874,620
(10)	¥97,226		

(20)

減 価 償 却 計 算 表

期数	期 首 帳 簿 価 額	償 却 限 度 額	減 価 償 却 累 計 額
1	9,790,000	548,240	548,240
2	9,241,760	548,240	1,096,480
3	8,693,520	548,240	1,644,720
4	8,145,280	548,240	2,192,960

第9回　ビジネス計算部門の解式

(1) $1yd \times \dfrac{9,030m}{0.9144m} = 9,875yd$

〈キー操作〉ラウンドセレクターを5/4，小数点セレクターを0にセット
9,030 ÷ 0.9144 ＝

(2) 12/25～3/18（平年，片落とし）…83日

$¥1,930,000 \times 0.0313 \times \dfrac{83}{365} = ¥13,736$

〈キー操作〉ラウンドセレクターをCUT，小数点セレクターを0にセット
1,930,000 × ・ 0313 × 83 ÷ 365 ＝

(3) $¥8,740,000 \times 0.0395 \times \dfrac{78}{365} = ¥73,775$

〈キー操作〉ラウンドセレクターをCUT，小数点セレクターを0にセット
8,740,000 × ・ 0395 × 78 ÷ 365 ＝

(4) ¥323,000＋¥64,000＝¥387,000（予定売価）
¥387,000×0.15＝¥58,050

〈キー操作〉323,000 ＋ 64,000 × ・ 15 ＝

(5) 2％，9期の複利現価率…0.83675527
¥7,680,000×0.83675527＝¥6,426,300
（¥100未満切り上げ）

〈キー操作〉7,680,000 × ・ 83675527 ＝

(6) $\$7.50 \times \dfrac{5,700kg}{10kg} = \$4,275$

$¥110.70 \times \dfrac{\$4,275}{\$1} = ¥473,243$

〈キー操作〉7.5 × 5,700 ÷ 10 × 110.7 ＝

(7) 8/15～10/9（片落とし）…55日

$¥12,573 \div \left(0.0219 \times \dfrac{55}{365}\right) = ¥3,810,000$

〈キー操作〉・ 0219 × 55 ÷ 365 M+ 12,573 ÷ MR ＝
または，12,573 × 365 ÷ ・ 0219 ÷ 55 ＝

(8) ¥987,690÷(1＋0.23)＝¥803,000

〈キー操作〉987,690 ÷ 1.23 ＝

(9) 耐用年数24年の定額法償却率…0.042
¥6,180,000×0.042＝¥259,560 （毎期償却限度額）
¥259,560×12＝¥3,114,720 （第12期末減価償却累計額）

〈キー操作〉6,180,000 × ・ 042 × 12 ＝

(10) $¥18,400 \times \dfrac{20L}{3.785L} = ¥97,226$

〈キー操作〉18,400 × 20 ÷ 3.785 ＝

(11) $¥2,420,000 \times 0.0137 \times \dfrac{10}{12} = ¥27,628$ （利息）

¥2,420,000＋¥27,628＝¥2,447,628

〈キー操作〉ラウンドセレクターをCUT，小数点セレクターを0にセット
2,420,000 M+ × ・ 0137 × 10 ÷ 12 M+ MR

(12) 3/12～6/7（両端入れ）…88日

$¥6,380,000 \times 0.0275 \times \dfrac{88}{365} = ¥42,300$ （割引料）

¥6,380,000－¥42,300＝¥6,337,700

〈キー操作〉ラウンドセレクターをCUT，小数点セレクターを0にセット
6,380,000 M+ × ・ 0275 × 88 ÷ 365 M- MR

(13) $\dfrac{¥148,200}{¥5,700} \times 30$個 $= \underline{780}$個

〈キー操作〉 148,200 ÷ 5,700 × 30 =

(14) $¥68,880 \div \left(¥3,280,000 \times \dfrac{15}{12}\right) = 0.0168$ $\underline{1.68\%}$

〈キー操作〉 3,280,000 × 15 ÷ 12 M+ 68,880 ÷ MR %

(15) $¥86,400 \div 0.18 = ¥480,000$
   $¥480,000 \times (1 + 0.18) = \underline{¥566,400}$

〈キー操作〉 86,400 ÷ • 18 × 1.18 =

(16) 3.5%, 11期の複利終価率…1.45996972
   $¥2,760,000 \times 1.45996972 = \underline{¥4,029,516}$

〈キー操作〉 ラウンドセレクターを5/4, 小数点セレクターを0にセット
   2,760,000 × 1.45996972 =

(17) $¥799,100 \div ¥610,000 - 1 = 0.31$ $\underline{3割1分}$
   または, $¥799,100 - 610,000 = ¥189,100$ （利益額）
   $¥189,100 \div ¥610,000 = 0.31$ $\underline{3割1分}$

〈キー操作〉 799,100 ÷ 610,000 − 1 =
   または, 799,100 − 610,000 ÷ 610,000 =

(18) $¥4,720,000 \times (1 - 0.024) = \underline{¥4,606,720}$

〈キー操作〉 1 − • 024 × 4,720,000 =

(19) $¥520 \times \dfrac{1,280ダース}{1ダース} + ¥12,400 = ¥678,000$

（諸掛込原価）

   $¥678,000 \times (1 + 0.29) = \underline{¥874,620}$

〈キー操作〉 520 × 1,280 + 12,400 × 1.29 =

(20) 耐用年数18年の定額法償却率…0.056

$¥9,790,000$	（第1期首帳簿価額）
$¥9,790,000 \times 0.056 = ¥548,240$	（毎期償却限度額）
$¥9,790,000 - ¥548,240 = ¥9,241,760$	（第2期首帳簿価額）
$¥9,241,760 - ¥548,240 = ¥8,693,520$	（第3期首帳簿価額）
$¥8,693,520 - ¥548,240 = ¥8,145,280$	（第4期首帳簿価額）
$¥548,240$	（第1期末減価償却累計額）
$¥548,240 + ¥548,240 = ¥1,096,480$	（第2期末減価償却累計額）
$¥1,096,480 + ¥548,240 = ¥1,644,720$	（第3期末減価償却累計額）
$¥1,644,720 + ¥548,240 = ¥2,192,960$	（第4期末減価償却累計額）

〈キー操作〉 [　] は電卓の表示窓の数字

9,790,000 [9,790,000]	（第1期首帳簿価額）
× • 056 M+ [548,240]	（毎期償却限度額）
− − 9,790,000 = [9,241,760]	（第2期首帳簿価額）
= [8,693,520]	（第3期首帳簿価額）
= [8,145,280]	（第4期首帳簿価額）
MR [548,240]	（第1期末減価償却累計額）
+ + = [1,096,480]	（第2期末減価償却累計額）
= [1,644,720]	（第3期末減価償却累計額）
= [2,192,960]	（第4期末減価償却累計額）

第2級　第10回　普通計算部門

(A) 乗算問題　　☐ 珠算・電卓採点箇所　　● 電卓のみ採点箇所

No.	金額
1	¥7,690,368
2	¥330,838
3	¥15,716,160
4	¥64,702,540
5	¥528,279

¥23,737,366	8.64%	● 26.68%
	0.37%	
	● 17.66%	
● ¥65,230,819	● 72.73%	73.32%
	0.59%	
● ¥88,968,185		

No.	金額
6	£278.05
7	£89.31
8	£150,766.98
9	£5,018.18
10	£4,315,747.80

珠算各10点，100点満点

● £151,134.34	0.01%	3.38%
	0.00%(0%)	
	● 3.37%	
£4,320,765.98	● 0.11%	● 96.62%
	96.51%	
● £4,471,900.32		

電卓各5点，100点満点

(B) 除算問題

No.	金額
1	¥8,756
2	¥1,413
3	¥652
4	¥948
5	¥309

¥10,821	72.50%(72.5%)	● 89.59%
	● 11.70%(11.7%)	
	5.40%(5.4%)	
● ¥1,257	● 7.85%	10.41%
	2.56%	
● ¥12,078		

No.	金額
6	$50.64
7	$7.20
8	$49.85
9	$233.97
10	$0.81

珠算各10点，100点満点

● $107.69	14.79%	31.45%
	2.10%(2.1%)	
	● 14.56%	
$234.78	● 68.32%	● 68.55%
	0.24%	
● $342.47		

電卓各5点，100点満点

(C) 見取算問題

No.	1	2	3	4	5
計	¥291,745,707	¥122,359,185	¥8,512,370	¥112,632	¥1,176,249
小計	¥422,617,262			● ¥1,288,881	
合計	● ¥423,906,143				
答え比率	● 68.82%	28.86%	2.01%	0.03%	● 0.28%
小計比率	● 99.70%(99.7%)			0.30%(0.3%)	

No.	6	7	8	9	10
計	€116,395.24	€798,421.13	€1,314,241.16	€5,756,351.78	€2,237,043.53
小計	● €2,229,057.53			€7,993,395.31	
合計	● €10,222,452.84				
答え比率	1.14%	7.81%	● 12.86%	● 56.31%	21.88%
小計比率	21.81%			● 78.19%	

珠算各10点，100点満点　　電卓各5点，100点満点

(1)	¥593,000	(11)	¥2,515,300
(2)	¥7,533,509	(12)	¥559,800
(3)	¥508,280	(13)	¥7,215,388
(4)	¥135,773	(14)	18%（増加）
(5)	¥6,134,374	(15)	$915.89
(6)	¥302,546	(16)	¥13,595
(7)	¥3,930,480	(17)	65日（間）
(8)	¥19,500	(18)	3割2分
(9)	¥4,820,000	(19)	¥8,861,360
(10)	280L		

(20)

減価償却計算表

期数	期首帳簿価額	償却限度額	減価償却累計額
1	6,490,000	408,870	408,870
2	6,081,130	408,870	817,740
3	5,672,260	408,870	1,226,610
4	5,263,390	408,870	1,635,480

第10回　ビジネス計算部門の解式

(1) ¥699,740÷(1＋0.18)＝¥593,000

〈キー操作〉 699,740 ÷ 1.18 ＝

(2) ¥7,570,000×0.0345×$\frac{51}{365}$＝¥36,491（割引料）

¥7,570,000－¥36,491＝¥7,533,509

〈キー操作〉ラウンドセレクターをCUT，小数点セレクターを0にセット
7,570,000 M+ × ・ 0345 × 51 ÷ 365 M- MR

(3) ¥820×$\frac{450kg}{/kg}$＋¥19,000＝¥388,000（諸掛込原価）

¥388,000×(1＋0.31)＝¥508,280

〈キー操作〉 820 × 450 ＋ 19,000 × 1.31 ＝

(4) ¥8,850,000×0.0263×$\frac{7}{12}$＝¥135,773

〈キー操作〉ラウンドセレクターをCUT，小数点セレクターを0にセット
8,850,000 × ・ 0263 × 7 ÷ 12 ＝

(5) 2.5%，13期複利終価率…1.37851104

¥4,450,000×1.37851104＝¥6,134,374

〈キー操作〉ラウンドセレクターを5/4，小数点セレクターを0にセット
4,450,000 × 1.37851104 ＝

(6) £5.60×$\frac{340個}{/個}$＝£1,904

¥158.90×$\frac{£1,904}{£1}$＝¥302,546

〈キー操作〉 5.6 × 340 × 158.9 ＝

(7) 耐用年数21年の定額法償却率…0.048

¥9,270,000×0.048＝¥444,960　　（毎期償却限度額）

¥444,960×12＝¥5,339,520　　［第12期末減価償却累計額］

¥9,270,000－5,339,520＝¥3,930,480

〈キー操作〉 9,270,000 M+ × ・ 048 × 12 M- MR

(8) (¥104,000＋¥26,000)×0.15＝¥19,500

〈キー操作〉 104,000 ＋ 26,000 × ・ 15 ＝

(9) 5/10～7/22（片落とし）…73日

¥29,402÷$\left(0.0305×\frac{73}{365}\right)$＝¥4,820,000

〈キー操作〉 ・ 0305 × 73 ÷ 365 M+ 29,402 ÷ MR ＝
または，29,402 × 365 ÷ ・ 0305 ÷ 73 ＝

(10) $\frac{¥179,200}{¥6,400}$×10L＝280L

〈キー操作〉 179,200 ÷ 6,400 × 10 ＝

(11) 4%，9期の複利現価率…0.70258674

¥3,580,000×0.70258674＝¥2,515,300

〈キー操作〉 3,580,000 × ・ 70258674 ＝

(12) ¥430,000＋¥192,000＝¥622,000（予定売価）

¥622,000×0.9＝¥559,800

〈キー操作〉 430,000 ＋ 192,000 × ・ 9 ＝

(13) 11/6～1/23（片落とし）…78日

¥7,160,000×0.0362×$\frac{78}{365}$＝¥55,388（利息）

¥7,160,000＋¥55,388＝¥7,215,388

〈キー操作〉ラウンドセレクターをCUT，小数点セレクターを0にセット
7,160,000 M+ × ・ 0362 × 78 ÷ 365 M+ MR

(14) ¥468,460－¥397,000＝¥71,460（増加額）

¥71,460÷¥397,000＝0.18　　18%（増加）

〈キー操作〉 468,460 − 397,000 ÷ 397,000 %

(15) $1× $\dfrac{¥98,000}{¥107}$ ＝$915.89

〈キー操作〉 ラウンドセレクターを5/4，小数点セレクターを2にセット

98,000 ÷ 107 =

(16) 3/12～6/3（両端入れ）…84日

¥1,390,000×0.0425× $\dfrac{84}{365}$ ＝¥13,595

〈キー操作〉 ラウンドセレクターをCUT，小数点セレクターを0にセット

1,390,000 × ・ 0425 × 84 ÷ 365 =

(17) ¥43,160÷ $\left(¥5,840,000×0.0415× \dfrac{1}{365}\right)$ ＝65日（間）

〈キー操作〉 5,840,000 × ・ 0415 ÷ 365 M+ 43,160 ÷ MR =

(18) ¥242,880÷¥184,000−1＝0.32　　3割2分

または，¥242,880−¥184,000＝¥58,880（利益額）

¥58,880÷¥184,000＝0.32　　3割2分

〈キー操作〉 242,880 ÷ 184,000 − 1 =

または，242,880 − 184,000 ÷ 184,000 =

(19) ¥8,620,000×（1＋0.028）＝¥8,861,360

〈キー操作〉 1 + ・ 028 × 8,620,000 =

(20) 耐用年数16年の定額法償却率…0.063

¥6,490,000	（第1期首帳簿価額）
¥6,490,000×0.063＝¥408,870	（毎期償却限度額）
¥6,490,000−¥408,870＝¥6,081,130	（第2期首帳簿価額）
¥6,081,130−¥408,870＝¥5,672,260	（第3期首帳簿価額）
¥5,672,260−¥408,870＝¥5,263,390	（第4期首帳簿価額）
¥408,870	（第1期末減価償却累計額）
¥408,870＋¥408,870＝¥817,740	（第2期末減価償却累計額）
¥817,740＋¥408,870＝¥1,226,610	（第3期末減価償却累計額）
¥1,226,610＋¥408,870＝¥1,635,480	（第4期末減価償却累計額）

〈キー操作〉 [　] は電卓の表示窓の数字

6,490,000 [6,490,000]	（第1期首帳簿価額）
× ・ 063 M+ [408,870]	（毎期償却限度額）
− − 6,490,000 = [6,081,130]	（第2期首帳簿価額）
= [5,672,260]	（第3期首帳簿価額）
= [5,263,390]	（第4期首帳簿価額）
MR [408,870]	（第1期末減価償却累計額）
+ + = [817,740]	（第2期末減価償却累計額）
= [1,226,610]	（第3期末減価償却累計額）
= [1,635,480]	（第4期末減価償却累計額）

（A）乗 算 問 題

(1)	¥ 3,998,120				● 2.44%		
(2)	¥ 92	小計		¥ 10,705,930	0.00% (0%)	● 6.54%	
(3)	¥ 6,707,718				4.09%		
(4)	¥ 152,853,909	小計	●	¥ 153,109,207	93.31%		93.46%
(5)	¥ 255,298				● 0.16%		
		合計	●	¥ 163,815,137			

(6)	$ 254,895.57				64.30% (64.3%)		
(7)	$ 784.47	小計	●	$ 306,963.73	0.20% (0.2%)	77.43%	
(8)	$ 51,283.69				● 12.94%		
(9)	$ 85,669.50	小計		$ 89,483.04	● 21.61%	● 22.57%	
(10)	$ 3,813.54				0.96%		
		合計	●	$ 396,446.77			

珠算 ☐ 各10点，100点満点

電卓各5点，100点満点
小計・合計・構成比率は●のみ採点

（B）除 算 問 題

(1)	¥ 5,475				5.52%		
(2)	¥ 370	小計		¥ 6,263	● 0.37%	● 6.32%	
(3)	¥ 418				0.42%		
(4)	¥ 92,821	小計	●	¥ 92,884	● 93.62%		93.68%
(5)	¥ 63				0.06%		
		合計	●	¥ 99,147			

(6)	£ 0.29				0.03%		
(7)	£ 1.02	小計	●	£ 94.38	0.10% (0.1%)	9.24%	
(8)	£ 93.07				● 9.11%		
(9)	£ 855.36	小計		£ 927.00 (£ 927)	83.75%	● 90.76%	
(10)	£ 71.64				● 7.01%		
		合計	●	£ 1,021.38			

珠算 ☐ 各10点，100点満点

電卓各5点，100点満点
小計・合計・構成比率は●のみ採点

C) 見 取 算 問 題

No.	(1)	(2)	(3)	(4)	(5)
計	¥ 135,944,452	¥ 6,028,181	¥ 5,846,161	¥ 875,665	¥ 220,726
計		¥ 147,818,794		● ¥ 1,096,391	
計			● ¥ 148,915,185		
成	91.29%	● 4.05%	3.93%	● 0.59%	0.15%
率		● 99.26%		0.74%	

No.	(6)	(7)	(8)	(9)	(10)
計	€ 191,388.39	€ 252,094.27	€ 952,144.61	€ 670,295.13	€ 3,056,954.57
計		● € 1,395,627.27		€ 3,727,249.70	
計			● € 5,122,876.97		
成	● 3.74%	4.92%	18.59%	13.08%	● 59.67%
率		27.24%		● 72.76%	

珠算 ☐ 各10点，100点満点　　　電卓各5点，100点満点　　　小計・合計・構成比率は●のみ採点

··

第2級　ビジネス計算部門

(1)	4,033 kg	(8)	¥ 397,000	(16)	¥ 383,460
(2)	260 袋	(9)	¥ 6,981,750	(17)	2.13%
(3)	¥ 12,693	(10)	¥ 4,910,000	(18)	¥ 1,430,600
(4)	¥ 794,310	(11)	¥ 37,183	(19)	9.6%
(5)	¥ 9,594,092	(12)	7割3分(増加)		
(6)	¥ 813,505	(13)	¥ 8,660		
(7)	¥ 5,169,945	(14)	¥ 456,190		
		(15)	¥ 6,127,326		

(20) 　　　　　　減 価 償 却 計 算 表

期数	期首帳簿価額	償 却 限 度 額	減価償却累計額
1	4,710,000	178,980	178,980
2	4,531,020	178,980	357,960
3	4,352,040	178,980	536,940
4	4,173,060	178,980	715,920

各5点，100点満点

(/) $0.4536 \text{kg} \times \dfrac{8,890 \text{lb}}{/\text{lb}} = 4,033 \text{kg}$

(2) $\dfrac{¥395,200}{¥6,080} \times 4 \text{袋} = 260 \text{袋}$

(3) $¥/,620,000 \times 0.07/5 \times \dfrac{40}{365} = ¥/2,693$

(4) $¥725,000 \times (/+0.32) = ¥957,000$ （予定売価）

　$¥957,000 \times (/-0./7) = ¥794,3/0$

(5) 2.5%, 14期の複利終価率…$/.4/297382$

　$¥6,790,000 \times /.4/297382 = ¥9,594,092$

(6) $\dfrac{\$2/.69}{\$/} \times \dfrac{8,460 \text{kg}}{30 \text{kg}} \times ¥/33 = ¥8/3,505$

(7) $10/11 \sim 12/26$ （片落とし）…76日

　$¥5,/50,000 \times 0.0/86 \times \dfrac{76}{365} = ¥/9,945$ （利息）

　$¥5,/50,000 + ¥/9,945 = ¥5,/69,945$

(8) $¥480,370 \div (/+0.2/) = ¥397,000$

(9) 耐用年数41年の定額法償却率…0.025

　$¥9,630,000 \times 0.025 = ¥240,750$ 　　　（毎期償却限度額）

　$¥240,750 \times // = ¥2,648,250$ 　　（第11期末減価償却累計額）

　$¥9,630,000 - ¥2,648,250 = ¥6,98/,750$

　　　　　　　　　　　　　　　　　　（第12期首帳簿価額）

(/0) $3/17 \sim 6/8$ （片落とし）…83日

　$¥40,753 \div \left(0.0365 \times \dfrac{83}{365}\right) = ¥4,9/0,000$

(//) $¥680 \times \dfrac{50 \text{m}}{0.9/44 \text{m}} = ¥37,/83$

(/2) $323,5/0 \text{人} - /87,000 \text{人} = /36,5/0 \text{人}$

　$/36,5/0 \text{人} \div /87,000 \text{人} = 0.73$ 　　7割3分（増加）

(/3) $8/2 \sim 10/9$ （片落とし）…68日

　$¥8,940,000 \times 0.0052 \times \dfrac{68}{365} = ¥8,660$

(/4) $¥9,3/0,000 \times (0.026 + 0.023) = ¥456,/90$

(/5) $12/16 \sim$ 翌$2/4$ （両端入れ）…51日

　$¥6,/70,000 \times 0.0495 \times \dfrac{5/}{365} = ¥42,674$ （割引料）

　$¥6,/70,000 - ¥42,674 = ¥6,/27,326$

(/6) $¥4,560 \times 2/0 + ¥38,400 = ¥996,000$ （諸掛込原価）

　$¥/,379,460 - ¥996,000 = ¥383,460$

(/7) $¥90,95/ \div \left(¥7,320,000 \times \dfrac{7}{/2}\right) = 0.02/3$ 　　2.13%

(/8) 6%, 8期の複利現価率…$0.6274/237$

　$¥2,280,000 \times 0.6274/237 = ¥/,430,600$

(/9) $¥/92,000 \times (/+0./3) = 2/6,960$ （実売価）

　$¥240,000 - ¥2/6,960 = ¥23,040$ （値引額）

　$¥23,040 \div ¥240,000 = 0.096$ 　　9.6%

(20) 耐用年数27年の定額法償却率…0.038

　$¥4,7/0,000 \times 0.038 = ¥/78,980$

　　　　　　　　　　　（毎期償却限度額）・（第1期末減価償却累計額）

　$¥4,7/0,000 - ¥/78,980 = ¥4,53/,020$ 　（第2期首帳簿価額）

　$¥/78,980 + ¥/78,980 = ¥357,960$ 　（第2期末減価償却累計額）

　$¥4,53/,020 - ¥/78,980 = ¥4,352,040$ 　（第3期首帳簿価額）

　$¥357,960 + ¥/78,980 = ¥536,940$ 　（第3期末減価償却累計額）

　$¥4,352,040 - ¥/78,980 = ¥4,/73,060$ 　（第4期首帳簿価額）

　$¥536,940 + ¥/78,980 = ¥7/5,920$ 　（第4期末減価償却累計額）

（A）乗算問題

(1)	¥ 1,326,780	小計	● ¥ 25,883,113		0.19%			3.70%
(2)	¥ 383				0.00%(0%)			(3.7%)
(3)	¥ 24,555,950				3.51%			
(4)	¥ 672,974,496	小計	¥ 673,034,165		96.29%		● 96.30%	
(5)	¥ 59,669				● 0.01%		(96.3%	
		合計	● ¥ 698,917,278					

(6)	€ 4,600.20	小計	€ 80,873.61		1.06%			
(7)	€ 76,173.09				17.58%		● 18.66%	
(8)	€ 100.32				● 0.02%			
(9)	€ 5,206.15	小計	● € 352,417.09		1.20%(1.2%)			81.34%
(10)	€ 347,210.94				● 80.13%			
		合計	● € 433,290.70					

珠算 □ 各10点，100点満点

電卓各5点，100点満点
小計・合計・構成比率は●のみ採点

（B）除算問題

(1)	¥ 474	小計	¥ 6,116		1.21%			
(2)	¥ 5,630				● 14.38%		● 15.63%	
(3)	¥ 12				0.03%			
(4)	¥ 32,048	小計	● ¥ 33,023		● 81.88%			84.37%
(5)	¥ 975				2.49%			
		合計	● ¥ 39,139					

(6)	$ 69.33	小計	● $ 72.06		● 17.82%			
(7)	$ 0.86				0.22%			18.52%
(8)	$ 1.87				0.48%			
(9)	$ 240.59	小計	$ 317.10		61.82%			
(10)	$ 76.51				● 19.66%		● 81.48%	
		合計	● $ 389.16					

珠算 □ 各10点，100点満点

電卓各5点，100点満点
小計・合計・構成比率は●のみ採点

C) 見 取 算 問 題

No.	(1)	(2)	(3)	(4)	(5)
計	¥ 667,969	¥ 756,222	¥ 328,546,894	¥ 93,485	¥ 156,547,688
計		● ¥ 329,971,085		¥ 156,641,173	
計			● ¥ 486,612,258		
成率	0.14%	0.16%	● 67.52%	● 0.02%	32.17%
		67.81%		● 32.19%	

No.	(6)	(7)	(8)	(9)	(10)
計	£ 341,237.46	£ 463,562.26	£ 919,856.30	£ 2,397,487.91	£ 87,902.73
計		£ 1,724,656.02		● £ 2,485,390.64	
計			● £ 4,210,046.66		
成率	8.11%	● 11.01%	21.85%	56.95%	● 2.09%
		● 40.97%		59.03%	

珠算 ⬜ 各10点，100点満点 　　電卓各5点，100点満点 　　小計・合計・構成比率は●のみ採点

第 2 級　ビジネス計算部門

(1)	2,819 m	(8)	¥ 2,744,557	(16)	¥ 6,337,070
(2)	¥ 17,644	(9)	¥ 8,050,000	(17)	30.5%
(3)	840 個	(10)	¥ 63,492	(18)	5か月(間)
(4)	¥ 29,334	(11)	¥ 3,417,050	(19)	¥ 4,170,540
(5)	¥ 453,530	(12)	¥ 746,698		
(6)	¥ 7,631,905	(13)	1割2分(減少)		
(7)	¥ 933,000	(14)	¥ 5,397,507		
		(15)	¥ 1,272,330		

(20)　　　　　　　　減 価 償 却 計 算 表

期数	期首帳簿価額	償 却 限 度 額	減価償却累計額
1	9,540,000	868,140	868,140
2	8,671,860	868,140	1,736,280
3	7,803,720	868,140	2,604,420
4	6,935,580	868,140	3,472,560

各5点，100点満点

(1) $0.3048\text{m} \times \dfrac{9,250\text{ft}}{/\text{ft}} = 2,819\text{m}$

(2) ¥$2,030,000 \times 0.0675 \times \dfrac{47}{365} = $¥$17,644$

(3) $\dfrac{¥802,200}{¥5,730} \times 6\text{個} = 840\text{個}$

(4) $3/18 \sim 5/20$（片落とし）…63日

　¥$4,520,000 \times 0.0376 \times \dfrac{63}{365} = $¥$29,334$

(5) ¥$385,000 \times (/ + 0.24) = $¥$477,400$（予定売価）

　¥$477,400 \times (/ - 0.05) = $¥$453,530$

(6) 4.5%，15期の複利終価率…$/.93528244$

　¥$8,160,000 \times /.93528244 = $¥$15,791,905$（複利終価）

　¥$15,791,905 - $¥$8,160,000 = $¥$7,631,905$

　または，¥$8,160,000 \times (/.93528244 - /) = $¥$7,631,905$

(7) ¥$765,060 \div (/ - 0.18) = $¥$933,000$

(8) 2%，9期の複利現価率…0.83675527

　¥$3,280,000 \times 0.83675527 = $¥$2,744,557$

(9) $6/21 \sim 9/3$（片落とし）…74日

　¥$71,484 \div \left(0.0438 \times \dfrac{74}{365}\right) = $¥$8,050,000$

(10) ¥$960 \times \dfrac{30\text{kg}}{0.4536\text{kg}} = $¥$63,492$

(11) 耐用年数29年の定額法償却率…0.035

　¥$7,510,000 \times 0.035 = $¥$262,850$　（毎期償却限度額）

　¥$262,850 \times /3 = $¥$3,417,050$　（第13期末減価償却累計額）

(12) $\dfrac{\$89.35}{\$/} \times \dfrac{6/0\text{米ガロン}}{/0\text{米ガロン}} \times ¥/37 = $¥$746,698$

(13) $/94,000\text{人} - /70,720\text{人} = 23,280\text{人}$

　$23,280\text{人} \div /94,000\text{人} = 0./2$　　$/$割2分（減少）

(14) $10/1 \sim 12/22$（片落とし）…82日

　¥$5,390,000 \times 0.0062 \times \dfrac{82}{365} = $¥$7,507$（利息）

　¥$5,390,000 + $¥$7,507 = $¥$5,397,507$

(15) ¥$/,560 \times \dfrac{590\text{着}}{/\text{着}} + ¥29,/00 = $¥$949,500$（諸掛込原価）

　¥$949,500 \times (/ + 0.34) = $¥$/,272,330$

(16) $1/4 \sim 2/28$（両端入れ）…56日

　¥$6,360,000 \times 0.0235 \times \dfrac{56}{365} = $¥$22,930$　（割引料）

　¥$6,360,000 - $¥$22,930 = $¥$6,337,070$

(17) ¥$866,000 - $¥$60/,870 = $¥$264,/30$（値引額）

　¥$264,/30 \div $¥$866,000 = 0.305$　　30.5%

(18) ¥$28,340 \div \left(\dfrac{¥6,240,000 \times 0.0/09}{/2}\right) = 5$

　　　　　　　　　　　　　　　　　5か月（間）

(19) ¥$4,260,000 \times (/ - 0.02/) = $¥$4,/70,540$

(20) 耐用年数11年の定額法償却率…$0.09/$

　¥$9,540,000 \times 0.09/ = $¥$868,/40$

　　　　　　　　　（毎期償却限度額）・（第1期末減価償却累計額）

　¥$9,540,000 - $¥$868,/40 = $¥$8,67/,860$　（第2期首帳簿価額）

　¥$868,/40 + $¥$868,/40 = $¥$/,736,280$　（第2期末減価償却累計額）

　¥$8,67/,860 - $¥$868,/40 = $¥$7,803,720$　（第3期首帳簿価額）

　¥$/,736,280 + $¥$868,/40 = $¥$2,604,420$

　　　　　　　　　　　　　　　（第3期末減価償却累計額）

　¥$7,803,720 - $¥$868,/40 = $¥$6,935,580$　（第4期首帳簿価額）

　¥$2,604,420 + $¥$868,/40 = $¥$3,472,560$

　　　　　　　　　　　　　　　（第4期末減価償却累計額）

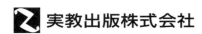実教出版株式会社

ISBN978-4-407-36340-1
C7034 ¥645E
定価710円(本体645円)

9784407363401

1927034006457

令和6年度版　全商ビジネス計算実務検定模擬試験問題集2級

編　者	実教出版編修部		令和6年4月1日　第1刷発行
発行者	小田良次		
印刷所	株式会社広済堂ネクスト		
発行所	実教出版株式会社		

〒102-8377　東京都千代田区五番町5
電話 〈営業〉（03）3238-7777
　　　〈編修〉（03）3238-7332
　　　〈総務〉（03）3238-7700
https://www.jikkyo.co.jp/

	模擬第1回	模擬第2回	模擬第3回	模擬第4回	模擬第5回	模擬第6回
採点						
	模擬第7回	模擬第8回	模擬第9回	模擬第10回	第146回検定	第147回検定
採点						

年		組		番号	
名前					

日商簿記 2 級

決 算 編

Hint! のある問題は解答にあたってのヒントを用意しています。
https://www.jikkyo.co.jp/d1/02/sho/22nb2keh
※インターネットの使用に伴う通信料は自己負担となります。

実教出版

本書の特色

　本書は日商簿記検定2級の第3問（決算の問題）の演習に特化した問題集です。本書の学習により，日商簿記検定2級第3問を確実に解答できる力および決算の仕組みが身につくよう編修しました。

　本書は以下の問題で構成しています。

・ウォーミングアップ…決算整理仕訳の基礎的な問題。

・基本問題…決算の基本的な問題。

・応用問題…決算の応用的な問題。

　また，学習の助けとなるよう，以下の工夫を行っています。

・ヒントマークのある問題では表紙のQRコードからWEB上でヒントを参照できます。

・別冊解答では「仕訳」と「解答」を掲載しています。また，別冊解答1ページ目のQRコードからWEB上で「解説」を閲覧できます。

・弊社WEBサイト（https://www.jikkyo.co.jp/）より解答用紙をダウンロードでき，問題を繰り返し解くことができます。

も く じ